你不用假装过得很好

You don't have to pretend to be fine.

 钱饭饭 著

古吴轩出版社

中国·苏州

图书在版编目（CIP）数据

你不用假装过得很好 / 钱饭饭著. — 苏州：古吴轩出版社，2017.6
ISBN 978-7-5546-0936-1

Ⅰ.①你… Ⅱ.①钱… Ⅲ.①成功心理—通俗读物
Ⅳ.①B848.4-49

中国版本图书馆 CIP 数据核字 (2017) 第 114849 号

责任编辑：蒋丽华
见习编辑：薛　芳
策　　划：文通天下·张艳凯
　　　　　文通天下·刘　吉
封面设计：尚世视觉

书　　名：你不用假装过得很好
著　　者：钱饭饭
出版发行：古吴轩出版社
　　　　　地址：苏州市十梓街458号　　　邮编：215006
　　　　　Http：//www.guwuxuancbs.com E-mail：gwxcbs@126.com
　　　　　电话：0512-65233679　　　　传真：0512-65220750
出 版 人：钱经纬
经　　销：新华书店
印　　刷：三河市兴达印务有限公司
开　　本：880×1230　1/32
印　　张：9.25
版　　次：2017年6月第1版 第1次印刷
书　　号：ISBN 978-7-5546-0936-1
定　　价：36.00元

如发现印装质量问题，影响阅读，请与印刷厂联系调换。0316-3515999

自序

我总是觉得女人在20岁和30岁时，各有一次低潮期。

20岁时，大学将要毕业，初恋将要何去何从，事业会从北上广还是老家开始，站在人生的各种岔路口，一夜醒来才发现，老天爷送给自己的青春贺礼，除了热情奔放和大无畏之外，还有满嘴的溃疡。

这溃疡像是一个巨大的黑洞，写满对未来的不自知、不自信。

30岁时，婚姻步入平淡，鸡毛蒜皮的矛盾开始膨胀，和爱人间拉拉扯扯出现各种疲劳，而自己的人生定位，也随着新角色的轮番上阵开始变得模糊不清，是做职场上那个雷厉风行、果断勇敢的女白领，还是回家做那个任劳任怨、相夫教子的贤妻良母……

又似乎不管怎么选，都连皮带肉地疼，我们都是贪心的女人，暴富和安稳都想要。

对我来说，这两段日子也一样如此，很难忘。20岁找不到合适的工作，辗转了几份工作，流浪了几个城市，存不下几个钱；30岁嫁人、生娃、稳定工作，就好像从此一眼万年。

但最让我难忘的其实不是以上的迷茫、无助和没有方向，而是如今当我站在30岁的尾巴上时，重新回头看，看到那个不言不语低头走路的姑娘，不知不觉间就走出了一条风景独好的大道。

嗯，30岁，没有人知道我经历了怎样的故事，得到过怎样的收获，才终于过上了我想要的生活：有人爱、有事做、有所期待。

我知道，此时此刻，街头巷尾、角角落落的你们，经历的并不比我平坦，见到的也并不比我少。

你们一定在某个20岁、30岁的白昼或者夜晚，四处寻找没人的卫生间，只为关上门那一瞬间的放松，让泪水肆意奔流。

哭过之后，你们也一定同我一样，在四处找寻打探，想要有人给你那么一个出口或者机会，甚至援助，告诉你通往幸福的那条路究竟要怎么走。

可是亲爱的，尽管一万个人有一万种活法，可是我仍然想让你知道：在这个无奇不有的大千世界里，一定有人同样过着类似的生活，你并不孤独。

亲爱的，你不要为了迎合这个世界而改变自己内心的颜色，你就是你，你有你的衣食住行，你有你的喜怒哀乐，你可以在自己的世界里过得很好。

你知道吗，20岁和30岁，其实各自潜伏着一次契机。你总要给自己一段沉睡的时间，然后才懂得，天亮了，你该出发了，你自己主导主演的女人大戏自此要开始直播了，这一次，你想演的是，**我才不用假装过得很好，有泪就流，有痛就发泄，有欲望就释放，有想要的东西，我更要义无反顾地披甲上阵，一个人也像支队伍那样，开疆扩土、称王称帝。**

把泪流出来，把乐笑出来。拒绝遮遮掩掩地活在自己的世界里，让每一个生活的当下，都散发着用力向上的真心实意。

生活的风雨再大，也挡不住前行者的脚步！

目 录

contents

PART 1

你不用假装过得很好　　001

PART 2

无人可以抢走你的爱情　　053

PART 3

坚强的人从不掩饰自己的伤口　　093

PART 4

别让你的现状拖住你的后腿 **141**

PART 5

不要逃避为管你的人付出爱　181

PART 6

永远做一个敢爱敢恨的人　237

PART 1

你不用假装过得很好

我拼命努力

是为了我的人生不虚此行

命运就像掌纹，虽然曲折

但永远都掌握在我们自己手中

01 我拼命努力，不是为了和你一起喝咖啡

我朋友被一个"富二代"追了好久，都不动摇。身边闺密轮番上前，深表羡慕嫉妒："从了吧，你从的不是他'富二代'的身份，而是他对你的一颗真心。从了他，不丢人。"

这位朋友出名的勤奋努力，并且清高，她坚持改变生活品质这件事情决不靠裙带关系，毕业后一人闯荡上海，练就一身"钢铁功力"。

她是在被老板派驻青岛开疆扩土的那一年被"富二代"盯上的。

"富二代"从嘘寒问暖到大小礼物，但一直被看不见的玻璃远远地隔在安全界限之外。到昨天，距离单方面一见钟情那天已经整整一年了。"富二代"跟那位女友身边的朋友都混熟了，也没混到她松口，于是决定在纪念日这天，掷豪金、下重礼相送，做最后一搏。成则抱得美人归，败则抱憾掉头。

意料之中，半米的桌子太短，朋友没思考半秒，就礼貌地把价格不菲的戒指、各种钥匙推了回去。朋友虽是上市公司在青岛

的首朝将领，但并不是主要负责人，只是中层，平日里工作得颇为拼命。有人说，凭借高学历、好工作和完美外表，随便一钓，她就能钓上金龟婿，从此安乐享福无忧了。

女友的手如果不那么倔强，半米之内的物品全部划归己有，那余生的那些工资就瞬间全在手上了。但她没要，选择继续拼命。

如果人生是一次长途旅行，这一路上步行前进的你，会遇到各种各样的车，总会有司机对你感兴趣，摇下车窗说："上车吧，前方风景太美，我带你就能更快地看到它。"

有人说人生苦短，别跟自己较劲，你能用容貌、情商等换来的东西，就不要用努力去换。因为那太漫长，有可能你一辈子也追不上车的速度，看不到前方的风景，白来人间一趟。

朋友认真地同"富二代"交谈了一下："我知道你很好，你有很多我不曾见过的东西，但请理解，我拼命努力，不是为了同你坐在一起喝咖啡的。"

关于喝咖啡的故事，我们都听说过。说的是一个穷小子或者穷姑娘徒手奋斗二十年，也不一定能拼到和含着金汤匙出生的孩子平起平坐的位置上。

我不认同这个追逐的类比形式。就像并不是所有的跑步都为了比赛，也有些"傻子"就喜欢那个奔跑到似乎要飞起来的过程，并且这个世界上如此的"傻子"越来越多了。他们的努力，是一场同自我的较量，只要明天的自己比昨天的自己精彩就够了。

喝咖啡这种比较，或者说这种目的，太俗。

如果加倍努力就是为了傲娇地喝一杯咖啡的话，那本来就坐在那里喝的人就该褪去锋芒、脱下跑鞋、岁月静好了吗？

刚说的那位女友，曾经在不同的场合多次提起她的女上司，那是一位中央高官的女儿，可谓应有尽有，可认真工作起来，比谁都拼命。来青岛第一年，公司总部将年会总场设在青岛，为她庆功。

一个不到四十岁，带着老公、孩子从上海辗转到青岛的中年妇女，一个青岛分部的总领导，在感谢致辞时，说得哽咽了。她说："对不起，情绪有些激动，但是，当从未有过的成就感袭来，请允许我为大家的成绩感动落泪，举杯吧。"

如果当年她听从父亲的话考公务员，高枕无忧地生活，怕是有另外一番滋味，平淡安静、自然超脱。

但有些时候，抛开物欲之外的东西，单纯地拼尽全力去做好一件事，是更珍贵的财富。

人生的跌宕起伏，是很震撼的，你不亲自去经历一番，日子会是苍白的，青春会是无力的。

之前的她，条件甩我们二十年，地位高我们二十截，家有女儿初长成，幸福指数是我们的二十倍，豪宅、名车不缺，再高档的咖啡她也喝得起，她那么拼命为的是什么？

是体验。是一种昨天我还站在山下仰望星空，明天我就将站在山顶俯瞰世界，而昨天晚上我的汗水和步伐都是无法比拟的美好体验。

人虽然不能选择出生，不能决定起点的高低，但总能掌控人生的宽度。

"富二代"很是心疼我朋友"拼命三娘"的状态，他怎么也不明白，爱一个人为何不能帮她获得轻松一点的生活，为什么没有机会去帮她减轻一点负担呢？

他是挺糊涂的。

爱一个人正确的付出方式，是同她并肩站在一起，眺望远方，用一己之深情，助她一臂之力，实现梦想。

抛去"富二代"对朋友的真心持久性不去评论，单就攀高枝这件事的性价比来说，朋友的选择也是无比正确的。如果接受了别人砸过来的金钱，也就注定要牺牲掉自己的某些东西，或者是真爱，或者是自由，或者是性情。别的不说，以后断然不能任性了吧，以后要试着去爱金主了吧。

可这样，姑娘们的人生路是不是就此跑偏了呢？我拼命努力就是为了嫁一个好人家，寻一位好丈夫，过一世太平日子吗？

并不是。

我有我自己的梦想和人生，有我自己独一无二的轨迹，我想用我自己的努力来选择方向。我拼命努力，是为了我自己的人生不虚此行。

我昨天赤脚走路，明天想穿跑鞋前进，这就是我今天蹲下来穿鞋的全部意义。

所以，不必心疼我。

02 你用什么唤醒自己

我常和一个朋友在微信上聊天，她是医院的护士，几乎每次聊到热火朝天时，话题都被她扯向同一个终点："怎么办啊？好着急啊！下周二有个考试，一点都没复习，真是惆怅啊！"

然后，我就不知道该怎么接话了。几个回合下来后，我觉得她的时间很宝贵，而且的确有很多职业资格考试，我就只能做下线状回复："那你赶紧复习去吧。"

不曾想，她竟反问我："咋了，这就聊够了啊？"

我有点懵了，怎么算是聊够？

这个美女护士是我从小玩到大的朋友，是我在很多人生迷茫阶段的精神支柱。我愿意与她分享自己所有的喜怒哀乐，我俩只要聚到一起，就有说不完的话，很明显没聊够啊。

她接着又换了个话题，完全是不聊尽兴不罢休的样子。当然，在每个话题的尾声，她还是会或多或少地感慨一下有个考试在影响她的好心情。

最后，我直接揪住了"考试"这个话题："宝宝，你似乎是懒癌晚期加转移话题重度患者啊，有病得治。"她总是不想结束聊天，只是想从备考的紧张情绪里暂时逃离出来，并且逃离得越久越好。

这种逃离很常见。

逃离，无非是对现状有一些不满意，达不到自己内心的期许，靠着沉浸在另一个环境中让自己身心愉快，短暂搁置问题，些许迷恋幻象。比如少年沉醉网游，少女酷爱言情，女人钟情口红。

靠人为制造的幻象带来的短暂逃离，可以经营出一种短暂的满足与安然，使自己不必马上就去直接面对无望的高考、纠结的青春、难缠的前任、平淡的婚姻……

"存在即合理"，短暂的逃离是一种美好的懒惰，虽然解决不了大问题，改变不了面前的困境和尴尬的心境，但却是缓冲剂，如一个心脏病人的速效救心丸，如一场惨淡而真实的人生里的一个美梦。

人生在世，每一个人都会做逃离现实的梦。但唤醒你的那个人，只能是你自己。

美女护士眼前有场考试，可就是提不起兴趣看书迎考，只想聊天打发时间，顺便感慨一下面对时光流逝时自己的紧张，不肯走出自己虚构的安逸氛围。这样的经历谁都有过，自己也知道这就是懒。

　　人和人的区别就在于此，有的人能够拎得清，有的人却会一直犯迷糊；有的人上了考场一身底气，有的人忐忑不安、全靠运气。前者无非是比后者多了些自制力，多了点清醒，更重要的是多了些从沉睡中唤醒自己的方法。

　　你会用什么唤醒自己呢?

　　有的人用钱，一想到只要自己去做了就马上会收获好多好多的钱，就没空闲聊扯淡了；有的人用虚荣心，一想到自己努力考个第一就会吸引很多艳羡的目光，为了众星捧月的感觉，何乐而不为呢；有的人用感情，一想到自己圆满地完成某件事情，家人就可以享受更好的生活，便有使不完的劲；还有的人用危机感，一想到自己努力奔跑时身边还有很多竞争者，就不敢放松，更不能停下来。

　　我属于第五类人，我用成就感来唤醒自己。

　　每隔一段时间，我就需要完成一件有挑战性的事，以此来证明自己。例如，考个第一、拿个奖金或者写篇好文章。我一步一个脚印地朝着山顶走去，不怕沿途没有好风景，就怕这一路上没有掌声。每隔一段时间，我就需要一些别人的赞扬或者欣赏来给自己加油。

　　我之所以能够和美女护士成为多年的朋友，是因为臭味相投。所以，我相信她宁肯一遍遍地在口中重复自己很快有场考试，却懒得起身去复习，并不是因为她真的是安于现状的平庸之人，否则她根本不会去报名参加这个考试，而是当时的她缺少一种力量，一种唤醒自己的力量，而这种力量同我的一样，也是来自成就感。

于是，我说："宝宝，我犹记得当年你考第一的风采啊。你智商高，每次都是随便那么一考，就遥遥领先，令我们望尘莫及，追了你十几年始终追不上，真的很遗憾啊。"

她："哪有啊，你净往我脸上贴金。"

我："我说的都是真心话，你一直都是我读书时候的偶像，直到现在，我依然感谢有你这样的朋友和对手，不是你在前面跑着，我追不了这么快。"然后，我在这段话后面加了一个贼笑的表情。

她有点沉默，过了一会儿说："我该下线努力去了，不考个满分对不起你这良苦用心啊，我知道你是故意这么说的。"

我们都是爱努力的孩子，我们只身一人闯过了无数大大小小的考场，又独自为伍趟过了形形色色的磨砺，最终以一个成熟人的姿态站在谋生的岗位上，过去收获了太多的成就感，未来仍然迫切需要这种感觉。

或许，生活的安逸和烦恼的叠加让我们短暂地忘记了应该一直努力的心，甚至失去了努力的信心，可怜地蜷缩在自以为安全的角落里，任由自己懒惰，瞎挨日子。岂不知，关键的日子越来越近。**该面对的早晚要面对，早一点唤醒自己，你还有可能在梦**

醒时分笑几声；一旦晚了，你就会手忙脚乱，临场脱逃，这件事就会化为一个从头至尾的噩梦。

《奇葩说》里有一集讨论"懒"是不是人类之光，很多人的偏向是，因为人类正是为了满足自己的惰性而发明了很多便利的东西，电灯泡、计算机等高科技文明使生活如坐上火箭一般便利。

可是然后呢？就能一劳永逸了吗？

不是的，人类的贪念是无止境的，落实到每个个体身上，想要的东西是越来越多的，想得到的满足是成倍扩大的。

你当下的努力满足了之前的一个懒，过一段时间，你会发现新的懒又出现了。所以，想要一直懒，就得不停努力，不停地满足自己的懒念。

你发现人生就是一场骗局，它用很多东西骗着你向前，马不停蹄地向前，而这种东西的名字就是唤醒物。商人爱钱，文人重名，无论是谁，倾尽一生，都被自己的软肋胁迫住了，停都停不下来。

考试这种事，对于越来越成熟的我们来说，不算事儿，我相信美女护士还有一周的时间可以轻松搞定。可是欲望和满足感这种东西开始变得在我们的生活中举足轻重，我们到底有没有能力引领自己完成一次又一次的超越呢？

你不妨在自己懒散逃避的时候，冷静地提醒自己：

"前面有块蛋糕，快抢。""后面有条狼狗，快跑。""天上有很多皇冠，快戴。""地上有很多金银，快捡。""四面八方有很多鲜花和掌声，快昂首挺胸，接受属于你的嘉奖。"……

唤醒自己的种类和方式那么多，你用什么来唤醒自己？

03 年轻时，你需要正能力

刷一刷朋友圈，谈一谈热点，笑一嘴浮夸，打一摞哈欠，然后机械地重复着每天的工作，该干啥干啥。

生于急躁速食，还算物质丰富的社会的青年人们，特别容易迷茫，倒不是担忧衣食温饱，而是无处安放的精神很容易麻木。这使我们，随着大流，蹉跎时光。

真的，我真心不希望你成为这样的人。

我们一直都在寻找出路，寻找力量。在青年时代，我们都在小心翼翼地前行，一边摸索一边吃亏，一边调整一边努力，那我们到底应该具备什么样的能力？

必须是正能力！

什么是正能力？

它是与一切平常、平淡、平凡和平庸区别开来的能力，是一种从内心深处高探出来的自我修炼。重要的是，它可以和迷茫抗衡。

正能力应该怎么修炼呢？

热爱读书

我们不是天生就明白很多东西，但是知识就在书上，我们通过读书，对自己、对自然、对整个世界有更深刻的了解，然后在了解的基础上继续探索实践，从而让自己更好地活着。

会读书，舍弃糟糠，吸取精华，你会变得智慧豁达。所以，热爱读书、懂得读书是我们必须要培养的基本能力。

通俗一点说，现在的姑娘找对象，要求男人的标准画像是百科全书。

走路时，你得是导航，我能随你逛遍大街小巷，还能顺便听一路旧城往事；上网时，你得是网管，我看完网页你必须已经替我杀好病毒；聊天时，你得是百度，我在同你斗嘴时还能被补了一脑的历史和地理……

逻辑就是这样的：**这世上最性感就是聪明，而聪明总是和读书息息相关的。**

你看，男人要是博览群书，无论是交友约会还是驰骋饭局，都会看起来魅力四射、性感无敌。而女人，你更不能落后于谁，想当女王，你就死命读书，才有底气放出豪言：我自己就是百科全书，我上知天文下知地理，我无须谁来征服。

所以，如果你现在还没有毕业，还有幸拥有大把的时间，请你把一切烦恼忧愁统统地抛给图书馆吧，先培养自己的分析能力，再来武装自己的头脑，让智慧成为独一无二的武器；如果你已经工作，自由支配的时间已经不多，那就请你在看到朋友圈的分享和转载精华时，一定要点开，请相信你周边朋友的眼光和筛选能力。你要相信，三人行，必有你师。

脚踏实地地活着

我理解想要扬帆远航的人目光都在远方，都想乘风破浪，尽快收获满仓鱼虾。这个时候，让谁低下头织网都十分困难。

见过太多的一夜暴富和一夜爆红后，我们喜欢把不成功归咎于天非时、地不利、人难和的运气上，而鲜有人意识到自己的眼高手低、好高骛远才是致命缺陷。

我们身边有不少这样的人，明明才华半罐还急功近利，都太想把成果握在手里。想吃的果子，跳跳脚够不到，便气急败坏。

所以，脚踏实地、坚持不懈是另一项我们需要格外重视的能力。有时候，我们特需要停下来，听自己说一句：**"当才华撑不起自己的野心时，就是我们该努力的时候了。"**

现在，也已经到了我们该开始努力的时候了。青春岁月如流金，梦想也许到现在也没能实现，但重要的是它在我们心里，重要的是我们愿意一步一个脚印往前走，一直走。我们都受过太多伤害，可我们依然要相信脚踏实地会有回报、有恩惠，因为几千年的智慧已经总结了：天道酬勤。

想办法努力赚钱

赚钱很难，但赚钱能力是迫在眉睫的一声警钟，它几乎天天都在通知你，你肩上的责任有一部分要通过赚钱来承担。你应该清醒，我们比很多人拥有更强的赚钱能力；你也应该庆幸，我们还有健康的身心和满腹的智慧可以放出去变现。只是，过程可能会痛苦。

也许，你执拗的同学阿牛又在饭局上被灌多了白酒，你隔壁美丽的小美又遭遇了客户的咸猪手，包括正在努力的你自己，又傻傻地被职场敌人挤兑了，可是那又有什么关系呢？在赚钱的路上，没有谁是不辛苦的。

唯一舒坦的时候，可能就是花钱的时候。花给自己时，可以有好心情；花给父母时，可以尽孝；花给子女时，可以满足；花给爱我们和我们爱的人时，可以让生活更美好。

努力赚钱首先能实现自力更生，再次能实现人格独立，最重要的是它能给我们爱的人以安全感和美好。赶在父母老去之前，拥有这样的能力，可以让父母欣慰安心。

永远热泪盈眶

热泪盈眶，是一种对生活的热爱。我们还年轻，就应该欢天喜地去恋爱、工作，大张旗鼓地分手，浓情蜜意地结婚……

我们要慷慨、热闹、放肆、无畏，我们做每一件事情，都用尽全身力气。我们伶牙俐齿、锋芒毕露，然后，被成就感包围。

我们青年人的生活，因热烈而难得，因犯错而珍贵。怕什么，即使没有父母为我们买单，我们依旧可以探索自己想走的任何一条路，起码青春会少些遗憾。等老了，我们可以欣慰地对自己的过往说一声："嗨，青春，我为你狂热过，我无悔。"

青春回馈我们："哎哟，不错哦，我记得你。"

正直善良才是根本

"得道者多助，失道者寡助"是一句亘古不变的真理，想要多助，就必须要成为一个正直善良的人。

里根曾说过："如果你正直，这比什么都重要；如果你不善良，什么也都不重要了。"股神巴菲特评价一个人的四个要素就是善良、正直、聪明、能干。而如果你不具备前面两项，只具备后面两项，那后面两项反而会害了你。善良正直是一项无法量化的很重要的品格和能力。修炼这项能力，需要贯穿整个人生的始终。

来来往往的朋友中，很多都是循着正直善良的初衷而来，很多在经历了挫折苦难和陷阱后，慢慢地被改变，从圆滑世故到丢掉美德。但我们不能去做那样的人，我们想成为好人，就一定要做好事。请记住：人生在世，以德为先，才能站稳脚跟，收获幸福。

我特别希望你能够成为那样的人，拼命读书、拼命努力、拼命赚钱、拼命热忱、拼命正直善良。虽然这样的你很累，但是，这样才不枉此生。

《正能量》里有一句话我很喜欢：**"如果你想拥有某种品质，那么，就表现得像已经拥有了这种品质一样。"**

我们渴望拥有正能力，那么就表现得好像我们已经拥有了正能力一样。我们买一摞一摞的书堆满房间，有空便读；换一身运动装，散散步，接接地气；踏踏实实赚几笔钱，送回家给父母的老房子添几块瓦；轰轰烈烈地谈一场恋爱，以爱防寂寞，以爱防低落。

愿你成为一个充满正能力的年轻人，因为你本来就是！

04 一无所有时，只能相信自己

小时候，你还在背诵"背水一战"的典故，考试的铃声已经迫不及待地响起来，你好怕不及格；谈判桌前，对方侃侃而谈、引经据典、心思缜密、逻辑无缝，你本来烂熟的腹稿被茶水搅得乱七八糟，你好没底，怕谈崩了。

这很正常，我们都是凡人，总会有些时间没有由来地觉得天昏地暗、前途未卜、人生惨淡。然而，人在江湖，已行至战场前线，哪还有什么"再给我点时间容我再准备一下"的好事。硬着头皮上这种事，你不是第一次干，也不是唯一这样干的人。

最难过的一次记忆是担任一次知识竞赛临时救场的主持工作。定好的主持人在开场前因低血糖昏倒住院了，辅导员急得团团转，突然想起了喜欢参加演讲比赛的我，那时候临开场还有一个小时。特别想出彩的我连忙接下了任务，虽然没觉得自己一定能胜任，但不想错过机会。

然而，等到赛场看到黑压压的一整个阶梯教室的人，我当场腿就软了，台词背不下来怎么办？临场发挥能自圆其说吗？卡壳怎么办？一瞬间我特别想放弃。

可是我想想临阵脱逃真的也很尴尬，便安慰自己说，谁不会遇到那么三两个措手不及呢？权当锻炼吧。接下了这个活，就得把事情办完，除了硬着头皮自己上，也没有别的路可以走了。

事实证明，临时上场并不是什么好事，我在现场的表现，虽不至于胡说八道，但一定是口无遮拦了，以至于光由失误造成的爆笑就有两次。

事后，我很不好意思地说："对不起，老师，搞砸了。"

老师却说，表现得很好，把一场严肃的知识竞赛搞成了活泼的娱乐游戏，也挺有特色的。

长大后，我们总会遇见一些很新鲜、很棘手的事情。

比如门外汉要去学钢琴、学围棋，你本觉得反正也学不会就去凑合一下，没想到周围的人都很认真，你也没有办法，只能尽力了。比如不善言谈的你被派去公关，主管没去却吩咐你单子必须拿下，白酒都被灌了几杯，你想放弃，可是身边没帮手顶上，只好厚着脸皮、拣着好话说下去。

最开始，新手如你，做事情并不完美，会犯错，会得罪人，会失败，赔了夫人又折兵。但是，怕狼又怕虎真的走不出什么坦途，你想昂首向前，就得张开臂膀，勇敢拥抱前进路上带给你的一切忐忑、意外和猝不及防。

那条你不敢走的路，怕走错的岔口，看起来好像没有人可以帮你，没有后盾可以依靠，但是只有你去走了才会发现，全世界其实都对你充满了善意，都会帮你。**这一条看起来独自为伍的路，应该也可以走得很精彩。**

因为那次救场我走上了主持之路，从迎新晚会到元旦晚会，从学校到社会，一路收获了很多成就感。但倘若那次救场我胆怯了，没应下来，想必我也不会知道自己还有机会可以登台吧。

俗话说，所有成功都有捷径。而那所有的捷径首先就是你得去迈开步子。要是因为领域的陌生而轻言放弃，与历练自己的一次好机会失之交臂，难道你不会一直耿耿于怀吗？倒不如，暗示自己可以办到。

路走得多了，自然就会有方向感，就像盐吃得多了，还会多长几个心眼。

我大学同学里有一位偏执到疯魔状态的"拼命三郎"，他在初入学的自我介绍时扬言"我的字典里没有失败"，引得全班二十岁左右的成熟男女们面面相觑。

"切，你当我们都是小孩子呀，还人生没有失败，我们看你的字典里全是妄言吧。"

后来，我和他交手三次，才不得不承认失败确实不是他字典里的词语。

第一次，全国一等奖学金争霸赛，我们班只有一个名额，他怎么看都处于弱势。

期末成绩不如我，业余活动表现不如我，就连人缘都输于我，可他居然还在结果揭晓前，一个劲地向我表示抱歉抢了我的机会。我理都不理他，这人真是想太多，哪儿来的莫须有的自信呢？

一个周后，他捧出了一篇让我、老师、奖学金评委会赞不绝口的精彩论文，我读了后，不情愿地在心里默默点了赞，不服不行。抛去之前我们俩成绩和表现上的细微差距，论文这一项我是甘拜下风，最后他果然拿走了一等奖学金。

第二次，他"撩"到了班花，让一度认为他是"书呆子"的班级汗颜不止。

全班都在惊叹他的勇气和厚脸皮，可是他却放言，荷尔蒙出发时根本由不得自己退缩。农村出身的他家徒四壁又如何，他拼命写论文赚稿费。别人都不信他能成功的时候，他花尽了心思逗她、哄她、爱她、呵护她。班花被他降服了，觉得他可靠，**说他看上去一无所有，却实际上什么都有。**

第三次，就要毕业了，正巧碰上经济危机，我们这对昔日里比来比去的对手，难得坐下来谈一谈。

我问："千人选一位的岗位，可不是在班里咱俩斗斗那么简单了。千分之一的概率呀，这一次，你仍然信心十足吗？"

他说："这概率平均在每个人身上是千分之一，**可如果我成功了，对于我来说，就是百分之一百，**这不是什么概率论，而是实力学，我觉得我行。"

我说："可是万一有内幕呢？我们没什么背景，很吃亏的。"

他淡淡一笑："当我们一无所有的时候，就更应该相信我们自己，不然谁去替我们打比赛！"

你又知道了，这次谈话是一场无声的较量，还没正式开始我就已经输了，输在格局和观念上，输在对成败的认知上。

他什么都会去试，在别人都还在摩拳擦掌、跃跃欲试的时候，他已经挽起袖子、撸起裤腿，上一线了；别人纠结忐忑、议论纷纷的时候，他早就抱着必胜的心在啃书复习了。

他什么都不怕，他眼里没有失败，他觉得就算失败了会怎样，没出血没少肉，还积累了一身的"钢铁功夫"，那不叫失败呀！所以大大小小的比赛竞赛他无一落下，也奇迹般的无一失手。他啊，**自信太久，反而真的具备了能力。**

然而，支撑着他这些必胜信念的，确是他关于独立、坚强、勇气的另一种解读，既然没有人能帮到自己，既然没有什么大树可以依靠，既然看起来手无寸铁在搏斗，那何不毫不保留地用上全部的力量呢？

所以，他很拼；所以，他超级自信。当自信积攒的时间足够了，到了场上，便是底气。往往还没开战，他在气势上就已经赢了，加之私底下为了成功所做尽的努力，他赢得让对手心服口服。

人生可以一无所有，可以赤手空拳打下天下。人生从来不会走投无路，信仰就是带你飞翔的力量。

太多人在面临挑战时，都过分地分析形势，信命的人还喜欢上一炷香，算上一卦，非得求得上上签才肯一步三回头地赶鸭子上架。怕失败，怕丢脸，临上场还给自己留一条退路："我只是去试一试，不过是炮灰而已。"那请问，既然你这么笃定地认为自己不会成功，那么你干吗还去试呢，老老实实在家睡觉不好吗？

可恨的是，你既想胜利，又想藏起那颗拼命想胜利的心，就为了保全失败后的那点面子。你觉得失败如此丢脸，让成功如何光顾你？毕竟失败是成功之母，你嫌孩子丢脸，他母亲能高兴吗？

所以，就大大方方地拿出信心来，拥有一颗求胜的心就像拥有一种可以赚钱的能力一样，那是你赖以生存的基础，是资本，是荣耀。

每个人都有自己的软肋，都会遇到仿佛怎么都迈不过去的坎，都会有拼了命都实现不了的梦想。但生命短暂而美好，没时间纠结，没时间计较。眼一闭，心一横，随心出发，相信自己。

遇到难题时，想想怎么开始，怎么背水一战，别竭心尽力跟别人证明你有多缺背景、多缺帮手、多倒霉。在鸿沟面前，谁的腿不是自己抬起来迈过去的？你要先把帽子扔过去，破釜沉舟、所向披靡。

别矫情，请直面人生的无助和惨淡。

努力使自己活得更好是你一个人的事情，没有人可以帮你。

请记住：当你一无所有时，信心、信念、信仰，就是你以一当十的武器。

05 不得不做不喜欢的事情，那就先做着

虽说冒险是一件极具魅力的事，但我还是不敢。那种说走就走的旅行、敢爱敢恨的任性，我做不来。因为我总是怕，怕我将自己置之死地之后再没有生路可寻。毕竟，忙忙碌碌、人来人往的社会没给普通人留那么多后路。

所以，我劝你也不要莽撞。

我有一个好到我俩人可以穿一件背心的同学，就算十年不见依然不会尴尬，突然从幸福生活中冒出来，和我一顿倾诉，控诉如今的生活有多么不堪和难以忍受。

最后的结论就是："一辈子那么长，我不想总这么憋屈自己，我要离婚。"

我听前面的倾诉部分，并不惊奇，哪个从待字闺中到嫁为人妻的女孩不曾迷茫过，迷茫的时候她们都抱怨过"这个人不是对的，这种生活不是我想要的一生"，这很容易理解。

可是对于同学脱口而出的离婚，我不敢轻易表示认同了，我肯定是要劝的。我打了好多段话，举了好多例子，动之以情、晓

之以理地劝她，做决定前一定要三思，千万别做出将来会后悔万分的决定。

她最后说："饭饭，看到你那句话，我瞬间泪崩了，你把我说服了。"

"哪句？"

"你以为正确的那条路往往更难走。"

我曾看过一部电影，印象特别深刻，大意是一对审美疲劳的夫妻，一生都在想着同对方离婚。很多次他们实在看不下去对方的行为，忍无可忍要离婚了，但都被其他的事打乱了，婚离不成又继续过，过日子的时候又忽然被一些小细节打动了，想着幸好还没离。下一次想要离婚的时候，就会多犹豫一些，这多出来的犹豫往往又会被其他的事件打断。

就这样一路打一路想离，一路都没离成，到最后的结论是，婚姻关系比你想象中要稳固。

所以，如果你此刻对自己的老公和家庭有深深的怨，那就先爱着。因为你不知道哪天发生哪件事，你突然就很爱他了，怨也消散了。

先爱着这件事，比你换一个人重新爱，重新失望，划算多了。

请原谅那些前怕狼、后怕虎的朋友们，他们总是会在你有一个新的念头时，率先提出质疑，比如离婚，比如跳槽，比如远走他乡重新开始。但也是他们在身后死死地拽着你，你才在任性离婚前，稳住了歇斯底里的情绪，做出了最合适的选择。

我刚毕业的时候，身边很多同学都或多或少地承受着从象牙塔初入社会的阵痛。有的人懒觉睡习惯了，受不了每天早起上班，天天迟到，天天被扣工资；有的人看身边同事哪儿都不顺眼，不是太会拍马屁就是太虚伪；也有的人始终学不会如何与领导不卑不亢地相处。

周末的QQ群里总是会很热闹，各种抱怨吐槽，我们都习以为常了，可是抱怨之后，大家到了周一还是四散开去，该上班就上班，该和同事赔笑就赔笑，该给领导拎包就拎包。

同学 W 在群里特别高兴地同大家宣布自己打算从全班毕业生签得最好的跨国公司里离职的时候，大家的话语出奇地统一，他们纷纷倒戈了。

"累点钱也多啊！""找到后路了？""下一个能比这个好？"……

总之，先干着吧。

当然，有些人，天生喜欢冒险。就像我上面提到的这位同学在三个月之后还是辞职了，离开后自己创办了设计公司养活了十几个人。但是离开之前，他和当地同学见了无数次面，论证了无数次，最后才做出决定。他现在依旧很感谢同学们阻拦过他的那三个月。

是那段时间，他目睹了同样有野心的人怎样惨痛地倒了下去，也看到了他们又怎样不服气地颤颤巍巍地站了起来。别人的执着打动着他，让他更加确定，自己有决心承担无法预料的结果。也是那段时间，给了他更充分的机会和时间，去了解他之前作为普通的上班族所不了解的创业圈的商业机密。

等待不吃亏的，它帮你收集经验，帮你选择时机，帮你把风险指数一再降低。命运总是青睐那些已经做好了准备的人们。

转身之前，先停个三五秒。

如果你此刻不得不做着自己不喜欢的事情，那就先做着。如果因为不喜欢某件事或某个人，你第一时间想到的是离开或者绕路，那是身上的消极因素在吞噬你。逃避不是上策，任何事情都有豁然开朗的那一天。

对工作，你可以骑驴找马，在保证温饱和生存的前提下，按照自己的兴趣利用业余时间去寻觅和探索。真正适合你的路，从来不会嫌弃你去得晚。

对婚姻，你可以不那么挑剔，稍微改变些自己的偏见，在尝试着去好好经营的前提下，给爱人判定结论，假以时间的守候和琐事的牵挂，你和爱人终会守得云开见月明。

当下，你以为正确的那条路，往往充斥着更多机会，也铺设着更多的陷阱，没有哪条路是早已形成的康庄大道在那里等着你，路上总会有荆棘，所谓的康庄大道都是自己劈出来的。

　　当下的路走得不舒服了，可以换条路走，但请你先走着。过三个月，你且再看这条路。

06 你必须十分努力，才能看起来毫不费力

当年，我妹妹从镇上转学到城里最好的初中时，在班里成绩属中下游。我妈去开家长会，向老师表示妹妹想考全市最好的高中。老师笑了，说这个事还是以后再说吧。

再一次家长会，妈妈作为全班进步最快的学生家长发言了，妹妹考了全班第一名。回家后，妈妈同正在读高中的我说了句："你妹妹是个奇迹啊。"可是，和妹妹住一个房间的我知道，哪有什么奇迹，这个成绩分明是妹妹放弃了无数个午休、熬了无数个深夜才追来的。

有时候我早上一觉醒来，发现妹妹还穿着衣服歪在没有拉开的被子上睡着了。她后来告诉我说："姐，我没想到能考第一的，我只是不甘心连考个一中的希望都没有，想试试自己到底能追到哪里。"

妹妹成了那次考试的黑马，校园里人人都在传，就是那个新转来的女孩，摇身一变成了第一名。后来，妹妹的成绩一直都遥遥领先，顺利考入一中，再考入重点大学。但是再也没有哪一次考试像刚转学去的那次，让人津津乐道。

　　人们总是惊讶于不起眼的人突然捧出了耀眼的成绩。 他们觉得别人怎么运气这么好啊，突然就暴富了，突然就成功了，突然就成人生赢家了……

　　我一个研究生同学，特别腼腆内向，毕业四五年都不见他在活跃的同学群里说过什么话，也没有别人议论过他。直到前不久，突然有人爆料说，他居然在北京早就买了车、买了房，早就成了CEO（首席执行官），早就娶了"白富美"，早就……同学群像炸开了锅，成天谈论的除了他还是他，讨论错过的每一个他进步的环节，就像突然被通知了结局，除了惊讶，更多的应该还有不解和嫉妒吧。

　　我也暗暗吃惊，但突然想起了发生在我和他之间的一件小事，就不觉得那么奇怪了。那时候，我们俩去火车站送一个共同的好友去实习，回来的路上聊了一路。因为他话比较少，基本上都是我在发问，他回答。

　　他研究的是动画方向，他说因为喜欢动画，在读研之前已经自学了大部分的动画制作软件和原理，读研期间已经得过不少设计大奖，只不过没有拿出来炫耀的习惯。回到学校后，他依然不怎么爱玩，闷头做动画，我们也不再有什么交集。

　　听说他成了CEO，身家上千万后，在羡慕之余，我不得不承认这是他应得的。从他在学校里的表现就可以想象，他一定是付出了异于常人的努力才有现在的成绩。好多人都说："哎呀，你小子，看不出来嘛，藏得够隐蔽啊。"其实，我理解他，他没有刻意隐藏自己的努力，只是不喜欢在东西没有到手之前就向别人炫耀。

我曾在暴雨中奔回宿舍寻找庇护，偶遇他兴奋地打着伞、挽着裤腿奔赴实习公司。那是夜晚七点，他匆匆扔下一句：有了灵感得快去谈啊。别人一夜沉睡，而他却是一夜无眠。

这样的路，人人都懂，但是让你去走，不见得你能走得出什么。

这世上之前默默无闻却突然让你眼前一亮的人和事有很多。同班一个姑娘毕业找工作的时候，签了五百强企业的总部，你惊讶她的爆发力、她的好运气。你真的忽略了，在找工作那半年里，她把各种笔试、面试经验收集了一箩筐，在大学四年里，自学的第二外语成为加分项。

成功有大有小，但每一次的收获背后都跟随着千万努力的汗滴。有的人喜欢把努力二字写在脸上、朋友圈里、个性签名里；而有的人却喜欢低调努力、默默收获，他们不说，不代表他们不在努力。

这世上，真的没有什么摇身一变，没有什么突然，有的只是我们看不到的浸润着心血和汗水的低调努力。

而你的差距或许就在于，只有低调，没有努力。

07 从别人的冷眼里站起来

她有一个失势的父亲，从众星捧月的娇宠到无人问津的孤寒，只用了一夜。

她倔强的母亲在以泪洗面后，并不想向人情冷暖的残酷真相低头，带着她去三叔家，去她干妈家，去她父亲亲手提拔的下属家。

然而日轮当午，也没有哪家有进厨房备午饭的举动。她的妈妈坐在那里，干扯话题，只字不提告退。她数次起身，母亲都用严厉的目光制止。她不懂，母亲为何要自取其辱。

她说她将永远记得那时候遭遇的冷眼，永远感受着那时候的如坐针毡，也将永远都不敢停下自己努力的步伐。她身上除了背负着自己的理想和愿望，还有就是有一天，帮父亲挺起脊梁，让母亲红光满面地应邀做客。

她从不抱怨、接受现实，而后废寝忘食、坚持不懈，她把自己的身体低到尘埃里，为的是骨气能从人潮中钻出来。

她父亲的冤名在两年之后便得以洗清，官复原位，又是一夜之间，房前屋后堆满笑脸……可是，习惯了寂寥环境的她，披上运动衣在傍晚从东城跑到西城去见我，就为说一句话。虽然我们县城不大，但我见到她的时候，她的衣服全部汗透，几乎能够拧出水来。

她说："饭饭，你要帮我顶住，我怕我的价值观会再次被颠覆。"

她是要我时刻提醒她遭受过的那些冷遇，不要被当下亲朋好友的再次殷勤蒙蔽双眼，要保持清醒的头脑，同这个世界的残酷与虚伪划清界限。

她是我舅家表妹，舅舅官运滑坡的那两年，她正读高中，值得庆幸的是，孤独与冷遇反而激发了她奋进的心。

高一家里门庭若市时，她都想过到了高三重要时期恐怕要将书桌搬到地下室求个清静了。然而事实是，那两年她们家比地下室还要清静，父母沉默得可怕，她也不说话。也许我这个同城的表姐，成了她唯一的倾诉出口。

那时候，她到大学报到，听完同学们精彩纷呈的自我介绍后，沉默着走回宿舍的时候，接到了她妈妈的电话，她爸爸官复原位，家里很多亲朋前来道喜，告诉她如果在外地受到什么特殊礼遇，不要诧异。

她的确很诧异，诧异之后再次接受了现实，然而却保持了自己的个性，努力、认真、心怀慈悲，她说自从父亲出事，她时常会对很多人的生活窘态感同身受。

她的室友家境都差不多，只有小丽能看出与大家有明显的差距，节俭得很，聚餐游玩不大参加，久而久之，其他人就不喊她了，因为觉得很扫兴。小丽会在别人对某件事讨论得热火朝天的时候特别尴尬，插不上嘴，坐立不安。表妹从她躲闪的眼睛里看到不安，就像当初她坐在亲友家里等午饭，坐也不是，走也不是。

她开始刻意地走近小丽，同她欢笑同她做伴，而小丽还是不开心，她对表妹抱怨，抱怨父母的无能、社会的不公、舍友的不友好……

接着，小丽的父亲搞民间借贷被骗，原本普通的工人家庭瞬间背负了五百万债务，父母不堪重压，瞒着小丽，远走他乡，打工赚钱还债。债主追到小丽的大学，对小丽破口大骂、大打出手，小丽抱着脑袋缩在寝室的角落里哭泣，室友们暗暗捂好了钱包，嘴里说着可怜，心里却骂着小丽父母的愚昧与可恨。

表妹拿出自己身上所有的钱，替小丽劝退了第一波前来要钱的人。她告诉小丽："我能理解你的遭遇，我们不能苛求别人在我们的低谷中还能友好地伸出手，但人生总要有条出路，那不如我们就自己想办法，就从冷遇这里突破心理承受能力，就从冷遇这里挑战自我的极限。"

"别哭了，起来赚钱，帮父母还债。"表妹约小丽读书，小丽躲闪着不敢出门，怕遇见债主；表妹约小丽外出游玩，小丽觉得负债累累，哪还有脸玩耍；表妹约小丽出门打工赚钱，小丽说五百万啊，兼职那一天一两百的工资就是杯水车薪……

表妹不解，问她："那你就这样等着吗？"

小丽反而眼泪猛涌："我为什么没有你的父母，我为什么还没毕业就背负债务，我为什么这么悲哀？"

小丽一直这样颓废着，站不起来，表妹也不是神通广大，只能同她渐行渐远。小丽怕被冷落、被嫌弃，开始发疯似的对舍友好，讲好话，买好吃的，勤快打扫卫生，然而其他室友本来就和她没交情，看她一边颓废一边谄媚的样子，越发地不爱搭理。

后来，小丽被一波波的债主逼到在学校待不下去，最后和所有人不告而别……

这个世界的得失也许不会在一个人身上守恒。但是有人得到，就总会有人会失去；有人幸运，就有人倒霉。

小时候舅妈对表妹的教育永远是引诱式的："前面有一块雪糕，你快跑啊，快跑啊，跑得快就吃得到。"她母亲也从没失言，她学习很棒，特长突出，她一直都特别信服母亲、敬佩父亲，她觉得只要向前去争取那一块雪糕，就对了。

然而后来在一次聊天中，表妹告诉我，如果不是她父亲出那次事，她永远不觉得母亲的教育方式太偏颇。

她觉得，是冷遇和低迷，让她懂得，除了前方有雪糕的奖

励，还有一种逼人奋进的力量叫后方有狼。

　　凶神恶煞的狼，如陷害父亲的人；冷眼旁观的狼，如对她家敬而远之的亲友；有不择手段的狼，如落井下石的人……狼在，险境在，必须奔跑起来，把自己跑成"钢铁之躯"。

　　当冷遇过去，热潮又来。表妹并没有忘记遭遇的痛苦，继续潜心奔跑，在暗夜中思考，在晴天里朗读，终于争得公费留学法国的名额。

　　而小丽的父母的逻辑：身后永远有狼，你一不小心招惹上了，那就转过身讨好他们，实在不行，还可以消失，远走他乡，改名换姓。殊不知，他乡还会有新的狼。

　　生而为人，我们改变不了社会环境，左右不了别人的价值观，有群体的地方，必然有圈子，有人红有人失落，有人吃肉有人割肉……

　　小丽的父母忘了传给自己的孩子一副傲骨。债可以欠但不能躲，尊严可以放低但不能任人践踏。而这一切的决定权，在你自己手里，在于你面对困难和冷遇时决定做一个懦夫还是强者。

　　舅妈、舅舅经常老泪纵横，逢人就说，对不起表妹，在最重要的日子里家里出了那么大的事，也经常又哭又笑，感谢老天，没有让这个孩子走错路，最终出落得还不错。

　　如今的表妹已经参加工作了，为自己赢得了好人缘和好未来，有次和她的同事吃饭，她们说，表妹除了漂亮、聪明之外，还拥有特别难得的处事智慧：不卑不亢。我想，不卑不亢这样的好品性大概就是从她家从高处落下时，摔在表妹身上的骨气吧。

鲁迅在《呐喊·自序》一文中说过："有谁从小康人家而坠入困顿的吗？我以为在这路途中，大概可以看见世人的真面目。"

社会地位的变化、生活的困顿，使鲁迅领略了世间的炎凉，很多人认为"鲁迅的骨头是最硬的，他没有丝毫的奴颜和媚骨，这是殖民地半殖民地人民最可宝贵的性格"。却很少人体会到他在自述中提到的童年的那一段往事："我寄住在一个亲戚家，有时还被称为乞食者。"

冷遇，就和人生的困境一样，太常见了。

刚毕业入职，手忙脚乱，诸事不顺，职场老人看我们笑话，一件事分好几次才肯交代完整，午休时唠嗑闲聊不带我们，这算冷遇；后来我们稍微有了起色和成绩，有盖过前辈风采的嫌疑，各种挑刺冷脸和风言风语四面涌来，这算冷遇；我们不堪重压，标错了一个标点，项目受到重挫，领导再也不放心我们做事，同事们自觉避开，涌向新来的风云人物，这也算冷遇。

这时有人慌了神，四处示好、谄媚、拍马屁，争抢着想融入别人的圈子，然而并没有什么用，反而把自己的气场搅和得乱七八糟的，全是负面影响。

有人很淡定，高昂着头颅，固执地相信自己选择的价值观，那就是如果因贫穷或者失势而受到冷遇，一定要挺直腰杆，保持应有的自尊。

不是你的圈子不必强融，做好自己的事情，将自己训练成职场高手，周围人自然会围上来。

成长就是在一次次、一点点的冷遇中慢慢清晰起来的，生活所到之处皆不太平，以不变应万变，方能主宰沉浮。

我记得小时候村里有一位瘦小的青年，做什么买卖都失败，成了全村的笑柄。他也会跟着笑，但每一次，都会哪里跌倒再从哪里爬起来。记不清传过多少关于他失败的谣言了，反正他如今有着巨额存款，带着老婆孩子在城里安家乐业，还带领十几位青年壮力发家致富。他后来当选为书记，又带着老婆孩子回村了。

可能是第1001次了，如果中间有一次他被嘲笑和流言打倒，也就不会有他的今天，也不会有我们村的今天。他说过一句话我一直都记得，也曾在表妹大汗淋漓跑到我面前时，要我提醒她不要忘记冷遇的时候：

"总有不怀好意的人'但将冷眼观螃蟹，看它横行到几时'。作为那只螃蟹，我们自己清楚，正是横行让我们无暇顾及别人的冷眼，我们的目光里拥有更广阔的天地和精彩。总有一天，那些横行的路，会铺成一条让别人另眼相看的康庄大道。"

前提是，你得有强大而冷静的决心。就像表妹那样善于收拾心情，勇于面对再出发。表妹的室友小丽，被挫折敲掉了脊梁，弯着腰离开众人的眼光，是下下策。

人生路途多舛，总要学会点防身技能，学着隐忍，学着坚强、学着笑纳冷眼，学着为以后的柴火旺盛留好骨子里的青山。冷遇和困难统统不要怕，就偏偏要从冷眼那里突破，要从桥断处起跳，给人生一个反击的机会，才够精彩呢!

既然每个人都曾经受到过冷遇，都明白它所带来的伤痛有多么彻底，那么请在和冷遇交锋取胜之后，记得做一个不卑不亢的人。

给正在低谷的人以温暖，给生活不堪的人以尊重，给犯过错误的人以宽容。如此温暖相环、相扣、相滋润，人间温情便成了极大的正能量。

08 年轻时每一小步，都是命运的巨变

　　我们一出生，就坐上了车。最初，车轮很细小，也没有驱动力，我们是靠着在父母的车上搭一根绳子向前行驶的，他们指向哪儿，我们的车子就颠簸向哪儿。

　　我们没有到十八岁，人微言轻，思想不被重视。即使父母选择的路上遍布荆棘，各种大小石子绊住前行的车轮，我们的车子顶多被弹离过地面，方向不会发生改变。

　　直到有一天，和父母的车连在一起的那根绳子被时光磨断了，母亲依依不舍地退出，成了旁观者，父亲意味深长地让路，成了追随者。

　　我们的时代到来了。经过叛逆期的你和我，终于把人生的主动权牢牢地把握在自己手中。那份激动与豪迈，改写过很多人生。

　　我认识的一个学霸，从小到大乖惯了，拿过各种第一，可却消失在高考的入场口，父母明明亲眼看着他进了教室，可一转眼一个月过去，查分却是零。得知消息的全家上下炸锅了，轮番上前做思想工作，可学霸表示永远不会再踏进高中的门口，拒绝复读。

因为那年的《超级男声》开始海选了，而学霸凭着好唱功获得了片区第一名，眼见着一夜爆红的未来在他的面前慢慢铺开，他不会再回去枯燥地读书。从前还要瞒着父母，当撕碎了高考的希望，学霸请求父母的支持。亲戚朋友唏嘘着散去，陪着学霸承担这一选择的，只有他父母。

如今，距离这个学霸放弃高考已经9年了，他依然没有红，多少拥有一些粉丝，却难以维持他正常的生活。

我曾经问过他："后悔错过高考吗？"他只是说："我必须得承认我在学习上有天赋，在唱歌上也有天赋。"

可学习那条路，他已经厮杀到独木桥的前列，不出意外读几年大学再出国或者在国内也会发展得不错。如今呢，他最穷的时候，得靠不多的那几位铁粉救济才能吃得上饭。

他的父母这几年很支持他唱歌，时常和亲戚朋友聊天时说："某某当红明星当年也是这样的，唱歌这条路需要坚持，只要坚持就总会有希望。"

可如果你是那位学霸，你当年就选高考了么？未必吧。

谁年轻的时候，不曾试图像雄鹰一样，在广阔的天空下自由飞翔；不曾试图像海豚一样，在没有边际的大海里自在嬉戏；不曾试图像野马一样，在辽阔的草原上狂野奔跑？**没人想在年轻的时光里，选择安逸。**

当梦想就在不远处闪闪发光朝你招手，当梦想要求对一些大

众化的观念和道路做出一些摒弃时，年轻的、热血沸腾的我们，
几乎是义无反顾的。

我也不觉得学霸选错了，因为对错都不是在选择的当下能立
见结果的。这个学霸可能因为诸多的其他因素而没有成功，但也
有人是成功了的。

**只要当下的选择是你自己做的，你一定要做好承担后果的
准备。**

我认识一个姑娘，从小也是乖乖女，按父母的意愿填报了师
范类大学，毕业后顺理成章回老家当了老师。可自己学软件工程
的男朋友在小地方根本不会有大的发展，两个人异地恋了两年之
后，姑娘面临两个选择：一是分手，在老家找个公务员，过幸福
安稳却也不会大富大贵的日子。二是辞职，随男朋友北上租房结
婚，过有可能贫苦挣扎一生也有可能贫苦一阵子而后大富大贵的
日子。

她选择了后者，理由很接地气："我想拼一把，也许这样遗
传我智商的孩子长大后就有可能在北京上清华、北大了。"

距离她做出那个选择已经六年了，她尚没有很发达，买个奢
侈品包考虑了一年依然也没买，但是却在北京有了房和车，还有
了带北京户口的孩子。

这些，于我们来说是故事，于她来说，是命运的巨变。

年轻时候，每走一步都惊天动地。

有人因为要追随挚爱的姑娘，舍弃了百万年薪，亦有人为了攀上高枝娶部长的女儿而抛弃青梅竹马的恋人；有人要为当年追逐梦想买单，而过着与想象大相径庭的生活，亦有人曾经坚定地从事热爱的事业，而走向了人生的巅峰。

我们人生的那辆车，从脱离了父母的缰绳那一天开始，就把未来变成了无数种可能，我们永远也不知道下一秒会发生什么，也永远都不知道，迈了当下这一步，是福还是祸。

学霸的这条唱歌的路到底会不会通向康庄大道，谁也无法预料。我们可以知道的是，随着时间的推进、这位学霸年龄的增长，他内心的"定数"越来越多的时候，他爆红的机会就会越来越少。

邻居姑娘安家北京的路会不会稳扎稳打地走向幸福，谁也不敢打包票。我们可以想象的是，随着孩子的出生、事业的稳定，姑娘辞职再离开这个熟悉的城市重新开始的可能性也越来越小。

人生行至五六十岁的时候，两三年甚至五六年的生活都不会发生变化，平淡却真实无比。到那时候，你有大把时间，站在暮年，反观这一生，你会发觉：用了多少努力读了哪所大学，第一份职业做了多久，后来做了哪项工作，何时选定什么对象去恋爱和结婚，生了几个孩子，其实都是命运的巨变。

只是当时，做决定的你，站在人生的岔路口，眼见生活波涛翻滚，内心风起云涌，未来遥不可测。

做出选择的这一刻，在这一生，相当平凡和短暂，当时还以为是生命中普通的一天。

我们从一出生就坐上了车。然而从第一次独自驾驶那天开始，我们就发现，前方的任何一块石子，大的或是小的，都能改变我们的方向。前面是坑，我们得绕行；前面是诱惑，我们得加速驶过。前方是什么，我们都得自己做出判断。

年轻时候，前方路况变化的频率超出我们的想象，每一天，我们都在做着各种各样的选择。

这选择是对是错，我们无从知晓，但我们深知：**当我们的时代来了之后，每一小步，都是命运的巨变。**

09 谁都怕自己穷

长大后，我们都天不怕地不怕的，不怕失恋，不怕老去，不怕舆论。我们都越来越成熟洒脱，我们都以自己最舒服的姿态在这个多彩的世界里深情地活着，好不惬意。

可总会发生一些事，让你突然害怕到无以复加，你希望那些不好的事永远不要来，你永远都不想知道无能为力的滋味。但可能吗？

清瑞，是我特别踏实的一朋友。他人缘好，因为他平时既讲义气又特别的自觉，能不给别人添麻烦就不开口请别人帮忙。前天，他约了平时关系好的一帮朋友吃饭，先把自己喝到烂醉，然后开始拖着每一个人到角落里窃窃私语，每个人回到座位后都面色凝重。

清瑞在借钱。这个平时分吃生日蛋糕都坚持吃最后一块的大男生，开口借钱之前得先把自己灌到醉，才能有勇气厚着脸皮借。

他的父亲查出胃癌了，晴天霹雳，他把车卖了，把积蓄花光了，房子被他妈按下了，他妈说："那是癌啊，治不好的，房子别卖了，你爸若是走了，我们还是得过日子啊。"

老泪纵横、无能为力，看着老伴日渐消瘦，清瑞的妈妈几乎是一夜白头。父亲在接受了第一轮治疗之后，病情好转出了院，可是他的妈妈却比在医院陪护时凝重多了，她知道，之所以出院，除了因为病情稍微好转，更是因为没有大把的钱往里掖。

清瑞，这个平日里脸皮薄的男人，坐不住了，挨个借，开不了口也要开。和父亲的命相比，脸皮算什么？好在，朋友们都能懂，加上清瑞亲戚的帮忙，他又凑了四十万，打算带着父亲去北京治疗了。

那天，他说了一句话，自己的下巴都抽搐了，他说："等送走了父亲，我一定要想办法努力赚钱……当亲人病了，没钱给他看病是天底下最痛苦的事情。"

在场的所有人都哭了。哭得最厉害的，是远嫁的巧巧，她当初为了她老公，挥别老家，来到青岛。她以前是清瑞的同事，在本地没有朋友，清瑞便把她带至我们的圈子，好多年了，一直都安静地、笑盈盈地看着我们打闹。

前天她却哭得泣不成声。清瑞的父亲病了，清瑞钻天入地地想办法给父亲治病，清瑞越是孝顺，巧巧就越是哭得厉害。她想起了自己也已经年迈而且毛病不断的父母，如今，巧巧带了一大一小两个孩子，一年只能回家一趟，还得得到老公的恩准。

她生了第二个孩子后，因为没人照顾就辞职做起了家庭主妇，虽说丈夫对她不错，她花钱他从来不计较，但四口之家靠一个人养活，她把生活费都计划到了每一块钱。她根本没有多余的钱可以孝敬远方的父母，更不用说制造条件把父母接到身边照顾了。

巧巧老家在农村，前年父亲想把老屋翻修一下，因为邻居都已经在原来的宅基地的基础上把房子建高了，有的还建成了二层小楼，他们家老是不收拾，都和新农村显得格格不入了。巧巧有个弟弟，还等着老屋翻修后往家里带媳妇呢。

巧巧最终才从老公那里要来了两万块，夫妻本是一家人，但算到钱上也会计较啊。那时候巧巧没哭，觉得解决得还算圆满，老公也基本没太为难自己。

可是清瑞狼狈的样子，狠狠地撞击了她。她想，假如得胃癌的是她父亲呢？以她现在的状况，她是能卖车还是能卖房，还是能出十万块，抑或是能飞回老家床前床后地伺候？好像都不能。

这种无力感加上离开家乡多年的孤独感，让她一下子爆发了，哭得伤心至极，很多人都不知道如何上前安慰。

无能为力，大概只有经历过这种感觉的人，才能懂得其中的绝望和生之疼痛的幻灭感。

我们的无能为力莫过于两个字：没钱。

如果有钱，清瑞早在三个月前便能带父亲去北京治疗了，那他父亲癌扩散的概率便会又小一些，也许就能看到清瑞娶妻生子，死而无憾了。因为没钱，这些事都成了奢望。

如果有钱，巧巧就不用一边带着俩孩子，一边深深自责了，她可以随时接父母到身边陪父母聊天，也不用去看老公脸色了。

还有我们，我们也都曾面临着清瑞的难题和巧巧的痛苦。没钱给孩子上最好的小学、初中、高中，没钱给他留学，没钱给爱人买金钻首饰，没钱让媳妇生孩子时住个单间，没钱给父母安置美好的晚年，没钱给他们治病……

没有钱，你只能眼睁睁地看着自己丧气，只能让自己挚爱的人生活在社会的中下层，为了温饱而挣扎半生，又因了病痛而折磨半生。

经过痛苦和绝望的碾压之后，你才知道，赚钱是一件多么应该且必须的事情，你爱钱这件事，既不俗也不该遭人诟病。你就应该靠自己的体力、智力和其他能力，站着也好，坐着也好，躺着也行，坦坦荡荡地去努力。

没有缺过钱的人，会不理解很多人。为什么会有人半夜三更不睡觉跑出去收清晨的第一波青菜，去菜市场占座卖菜？为什么有青年在二十几岁不谈恋爱兼职打三份工？为什么如今的全职妈妈们都不再安分纷纷要重出江湖？又为什么有些年轻时挥霍钱财的混混突然改头换面比谁都吃苦耐劳？

穷不可怕，可怕的是穷着还摊上了事。

那些如今拼命努力赚钱的人，一定都遭受过因为没钱而带来的痛苦，一定都不想再尝那种无能为力的滋味。

陆陆续续的，越来越多的人开始懂得，你一定要有很多很多的钱，才有安全感。

PART 2

无人可以抢走你的爱情

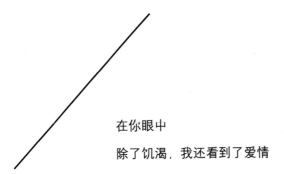

在你眼中
除了饥渴，我还看到了爱情

我愿意跟着你吃糠喝稀
但你不该认为理所应当

我不相信婚姻都要门当户对
我不愿意人人都在算计嫁给什么条件

01 爱情，你捂住嘴就从眼睛里冒出来

你越喜欢一个人，越表现得满不在乎。

一大群人聚会，分一块蛋糕，你从他身边绕过去才肯接住；KTV唱情歌，他拿起话筒，你就绝不会再拿另外一个，生怕被别人看出端倪；如果他在说话，你肯定不会看他，低着头静静地假装玩手机，却一字不落地把他说过的话塞进记忆里。

大家散去了，他提出送你回家，你慌乱地摆手说："不用不用，我和M一起溜达回家就可以了。"你和M走在萧瑟的大街上，感觉万籁俱寂，只有你内心在敲锣鸣鼓，爱意这个东西似乎更加迅猛地发芽蔓延。

你心不在焉地同M聊天，回味刚刚那场聚会，也不知道该不该遗憾拒绝了要送你的提议。

突然，M一本正经地问你："你是不是喜欢他？"

你张大嘴巴，满眼都是诧异："我有表现出来吗？难道我掩饰得不好吗？"

没有人出卖你，你得知道：爱这种东西啊，你捂住嘴巴，它

就从眼睛里冒出来。

别人眼里聚会中的你应该是这样子的：身体微侧，两眼越过那个人，焦点落在离他不远的物体上，屏住呼吸，余光却在捕捉他的肢体动作和语言，心跳加速，旁若无人。你故意让焦点不在他身上，可余光始终扫着他。

你极力掩饰，也至少有一两个瞬间是失控的，有人又天生对八卦敏感，所以你喜欢谁，已经被别人一眼看穿。

有科学研究表明：人的眼神是可以揭示欲望和企图的。究竟是充满爱意还是仅仅礼貌地打量，当事人是不自知的。

我从小有一个非常要好的女同学，她和她的男朋友从一见钟情到后来分隔两地，其间热恋了有整整八年。两个人在不同的城市，又是上学、工作，又是打磨性格，却从来没有变过心，有一次我问她："你这么坚定，从来没有想过别的选择吗？"

姑娘答："从来没有。"

我惊叹，那他一定很会"撩"你、哄你、爱你，才能够把你的心牢牢地拴在他的身边，不存二意。那天，在炎热的武汉，姑娘低头含笑、面色绯红，美丽的样子深深地感染了我。这才是爱情最干净的样子吧，我知道她一定是沉浸在爱里的，她的那段话我至今都印象深刻。

"我们见面的次数不多，但每次见面，无论是吃饭还是逛街，只要我们在一起，他总会找几段时间定定地、愣愣地看着我，眼神里全是宠溺和珍惜……这让我相信这个男人他是爱我的。"

是的，眼神。

我不止一次听过关于眼神的故事，也不止一次见过爷爷的眼神。印象里，我们家是爷爷主外奶奶主内，但是我觉得奶奶对小孩子更加严厉一些，不允许我们胡乱吃东西、玩东西，怕养成坏习惯。爷爷则会偷偷地给我们塞零食吃，或者允许我们再多吃一颗糖，他经不住缠的。

偶尔会被奶奶抓住，爷爷就会斜着眼睛一边偷笑一边忐忑地说："不是我给的。"目光里带着点惧内又带着点故意，奶奶则会又爱又恨地回瞥他一眼，然后事就这么过去了。

长大后再想起来，总觉得最生动的就是他们两个人的眼神，一来一往全是戏。他们一辈子从不言爱，可那种意味深长，让我都觉得回味无穷的目光里，藏着爷爷奶奶一世的恩情与搀扶。

那时候的我不禁期待，也要找一位那样懂我的爱人，也要让他那样看着我。**后来，遇到对的人，我才发现，那目光不是要求而来，而是他发自肺腑，且他自己浑然不觉。眼神才是一个人的真情流露。**

只不过，有些眼神只有对方能看到，而有些眼神全世界都能看到。

爱，是欣赏，是仰慕，也是欢喜，是情欲，它就住在眼神里。

容颜易老，岁月易逝，愿天下所有姑娘的身影都能牢牢锁住一个人的眼神。

透过它，你就能看见欢喜，看见牵挂，看透人间繁华景色，永葆初心，一生幸福。

02 看好你的幸福，别被口水夺走

我反正耳根子软，一般不会把与老公之间的一些矛盾倾诉给闺密。因为我好怕，好怕我们本来好好的感情被分析来分析去，最后得出一结论：哎呀，你这什么老公啊？他怎么这样啊！你这都能忍啊！

虽然她们最后都话锋一转，表明了"劝和不劝分"的立场，但她们那些义愤填膺、差点拍案而起的表情会深深地印在我脑海里，引发严重的后遗症。

我回家再见到老公，看他就哪儿都是错，他喝口水我都嫌声音大，他说句话我听着嗲。恶性循环、无限绵延，本来一天就该翻篇的事，冷战了一周才过去。

有时候，危机过去，清醒过来，才会骂自己傻，你看，差一点你自己的幸福就被别人的口水冲走了。

而我自己竟然是这场口水的始作俑者，真不划算！所以，后来我就长记性了。

别急着笑话我，你也一样，女人都这样。遇事的第一反应就是：哎呀妈呀，我得倾诉。五头壮牛、十架马车也拦不住吐槽"渣男人""熊孩子"的决心。

好吧，你要非说不可的话，请去海边或者没人的地方，嘟噜嘟噜自己讲一番，或者找一个陌生人倾诉一下。切记：**一定不要把吐槽的猛嘴开向职场朋友，后果比你想象的要严重。**

我身边一位同事，是女人中的女人，整天聒噪地细数自家琐事，从婆婆干涉她穿衣打扮到孩子在幼儿园打架，批评完老公又吐槽小姑子。

当然，经常有旁观者同她站在一起，同仇敌忾，在我看来真是无奈。因为，女人的八卦流传得很快，没几天，其他女人们就达成了共识：这个女人肤浅，把家里处理得一团糟，必然也没什么大能耐。有些不待见她的人开始表露出来，明显的冷淡或者冷嘲热讽，领导们也有意无意地把脏乱无序的活交代给她。

说不好听一点，别人觉得你的家庭都不幸了，也就更低看你了。

得有多么傻，才会不明白，自己家的大事小事只是大家茶饭之后的一剂笑料，没必要摊出来供大家议论。

别人说什么都于事无补，她下班后依旧重复着昨天的故事，买菜做饭，洗衣洗碗，并不是背后吐槽完毕，婆婆就能变善，老公能变好，孩子能变乖。本来只是过夜就忘的小插曲，愣被你自己演成了惊涛骇浪的宫廷大剧，演砸了自己的角色不说，事业和生活，都悬在峭壁，随时会压倒你。

真是够糊涂的。

本来两个异性人，因为一种特别适合放在温室里生长的爱情萌芽结合在一起了，茶米油盐酱醋茶多了，磕磕绊绊这事，每天、每小时都在发生。所以，那些爱拿自己家事开涮的女人们，该醒醒了！有什么好吐槽的！

有些女人会稍微"聪明"一些，不会去主动曝光家庭琐事，她们选择了那些有代表性的、让自己悲痛欲绝的事去传播，她们也懂得亲疏，只把这些事告知父母、亲姨、亲姑这些和自己有血缘关系，会设身处地地替自己着想，也不会看轻自己的人。

于是她们打开委屈的闸门，将那些怨念一股脑地倾倒给了自己最信任的亲人，一把鼻涕一把泪，诉说这些年自己有多么不容易，做出了多么大的牺牲，却换不来老公的体贴。仿佛说得越声泪俱下，越幽怨哀愁，身边人越心疼自己，自己心里就会越舒服。最好他们能跟着咬牙切齿地骂，然后就觉得自己有后盾了，不是一个人在战斗了。

那然后呢，这样又有什么好处呢？

我曾听说身边一对朋友，因生活琐事吵得不可开交，战争不断升级，牵扯到双方父母上场开骂，怒火中烧的两家人达成一致意见：离婚，这婚离定了！

伤口在这对朋友的心上撕裂，他们疼得死去活来，也曾经一度认为这日子没必要再坚持下去了。当他们得知身边所有人，除了孩子，都在支持他们的婚姻破碎，都在等着他们和那么"渣"的对方说"再见"，俩人同时沉默了。

其他人只看到了他们此刻的危机，只听到了他们对对方喋喋不休的不满和憎恨，只关心这场大战中自己支持的这一方一定要赢！要赢！要赢！谁知道与君初相识时，双方心底的寂静欢喜；谁了解过去点点滴滴的日子里，对方已经浸润到彼此的生活中；谁关心赢了之后，这俩人的走向。

亲爱的，相信我，除了他们自己，和他们爱情的结晶，没有人能感同身受。

他的父母可以心疼，可以包了他们之后的衣食住宿，但代替不了他们后半生的陪伴。当然他们也可以走出去，再去深爱另一个人，有更好的幸福，但是与之同时而来的可能还有新一轮的"撕"。

所以，我想说的是，若不是什么原则性的非"撕"不可的大事，请在爱里闭上嘴，少去主动散播他的不堪，家人也不行。同时，请在爱里睁开眼，多看看对方那些好处，打开心门，给对方去爱你的机会。**给自己的小家关一道门，受益的是你和他，和你们的娃。**

那对朋友，最终扛过去了。如今，三口之家依然完整圆满，随着时间，喜悦的心情赶跑了当初的阴霾，他们依然是中国普普通通家庭中的一组。

你会发现在生活中，只要你开口，只要你提到了不满、郁闷和无奈，就总有人会帮你讨论，无论是闺密、同事还是亲人。他们总会有意无意地发出观点，里面夹杂着"不爱的两个人继续一起前行就是不负责任，就是枷锁"的提示。

有些没有主见的人就真的听进去了，无形中就被别人的暗示带到了消极的处理方式上。我仿佛看到了你的婚姻和感情在摇摇欲坠。可是，亲爱的，不是这样的，我得拉你一把，别人是别人，别人都不是你！

试想一下，别人不爱了，你也可以支持他们快点放手，各自重新出发寻找幸福啊，因为肉不从你身上掉，你只是动动嘴皮子，你不疼。当事件发生在你自己身上时，你疼，连皮带肉地疼。

你能做到的是：

不要去散播自己的委屈和不幸，除了把局面搅得更加混乱，你得不到什么拯救。

不要去附和别人对家庭或者亲人的吐槽，听听就好，滔滔众口的洪流，可能会冲走别人的幸福。

有时候，女人的大智慧，不一定非得在职场显现。一个女人如果能把家庭琐事处理好，便是更大的魅力所在。

我最敬佩的女人是我奶奶，大字不识一个，常常自嘲糊涂，我却觉得她最精明。她养育了六个孩子，有六个儿媳妇、女婿，还有一堆的孙辈孩子，家庭矛盾自然不是没有。可是在街上听不到关于我们家的任何传闻，听不到关于爷爷的半点闲话。相反，邻里乡亲觉得我们这个家族庞大而且团结，都十分尊敬我们，高看我们。这得归功于我奶奶，协调全家老小不说，从不对外人抱怨半句，并且，好事、喜事都发动全家散播出去。

一个智慧的女人就是应该这样的：**守口如瓶，大运在握。**

03 人生中渴望的天荒地老

你心里一定有过这样的画面：对面的爱人摇着蒲扇，喝着他乡圣地的茶，意味深长地看一眼远方，看一眼你。你受不了这样美好的撩拨，想着此时该闭月羞花，还是该将盛开的情话捧至唇边。你犹豫间，爱人已经挪到你的一侧，执你之手，诉说幸福衷肠……

少女时代你遥想的场景，此时正穿过时光的隧道，猝不及防地变成现实。

有人说，这便是你一生中唯一的一年了，相信爱，相信付出，相信地老天荒。

这一年较之悠久婚史，叫蜜年。**这一年，叫乍婚还恋**。结婚这种事，没有人愿意抱憾，最后选定的青年，必定刚好英俊到乱人心房，凑巧温柔到眉目皆是传情。没有早一步也没有晚一步，我就是要与你相约白头。我们希望就这样浓情蜜意地过一生一世，直到海也枯石也烂，相爱的人还在念叨"磐石无转移"的古老诗句。

　　我认识一个充满情怀的姑娘，写一手好文章，织几条帅围巾，老公便是大家脑海里塑造的模范老公形象，尽随她的心愿。

　　在家热吻，出门揽腰，走路牵手，乘车环抱，当宠溺劈头盖脸地砸来，年薪与车、房似乎都没有那么重要了，爱情轻易就赢了与现实的较量。

　　初婚的她，连走路都是张牙舞爪的，满足感像是一罐蜂蜜，将整个生活腌制成一道只有甜甘没有苦辣的甜点。

　　她与老公是相亲认识的，三个月闪婚之时尚未了解透彻，结个婚正好给热恋开了个风景无限好的房，正大光明地腻歪。她说起自己与老公的一见钟情，嘴角是上扬的，语气是骄傲的，骄傲是发自内心的。

　　她不理解为什么会有人跟一个不爱的人成家，她觉得无论是父母之命还是奉子成婚都是对爱情的不尊重，她觉得嫁一个人一定是一场自我的巨大欢喜。一定要达到一种"我在闺中望穿秋水，对你一往情深深似海"的状态，才可以把自己交付出去，才可以去享受人生最奇妙的"成家"二字。

　　那时候，我与她相熟，还没有结婚，被她的婚恋观影响到对婚姻充满遐想。我相信无论何时，会有一个人穿过茫茫人海，不顾流言蜚雨，走过来接我入围城，从此一生沉醉。

　　我击退身边的追求者，说："对不起，您还不能满足我的一生幻想。"直到出现宫先生，他风流倜傥、侃侃而谈又温文尔雅。初次见面，我双腿麻乱，口齿不清，语无伦次。

那位姑娘看到一脸红晕的我，说："看你的状态，似乎是人对了，就是他了。"

热恋这种时光，当不负世间最美诗书。你是风儿我是沙，你是我心中无尽的渴望，我是你手心温热的心跳，我们的爱都如潮水般涌满生活。我做好了一切准备，嫁给宫先生，婚期定在一年后。

单位人员轮岗，我与那位姑娘渐行渐远，然而她那一脸蜜意的面容却一直晃在我眼前，让人感慨，还是有百分百美好的婚姻存在的。她的"结婚是世界上最美好的事情"的言论无形中催化着我和宫先生的爱，我觉得爱便该投入，便该无缝，便该没有矛盾。

当半年后，我迎接了同宫先生的第一次战争时，难受得仿佛就要死掉了。宝玉娶了别人，黛玉是要葬花的。如果宫先生忤逆了我的情感需求，我该怎么排解？

不，那是排解不了的，即使导火索只是要不要去听演唱会的一次意见相左，但我就是不能释怀，相爱的两个人为何会有分歧？难道我们不是在了为了对方拼命遮掩自己的欲望吗？难道我们不是为了相处拼命地遮藏锋芒吗？什么时候开始，宫先生不愿意放弃工作上的会议来迁就我的演唱会了呢？

很巧的是，我得到一个机会到另外一个城市学习观摩，刚好碰到先前那位姑娘。

期间，我客套地表示起对她择偶成功的羡慕，她脸上的笑容由灿烂变得狡黠，她嘴里的话风也由感性变得理性起来。

她说："然而，我的婚姻和别人的没有什么不同。我们也要争吵，也要在对方的眼皮底下放屁，也要一忍再忍，直到终于忍不了，大声相互指责。"

到了后来，她的婚姻竟也如旁人的婚姻一样，只剩官方套路的肌肤之亲，和不多的温柔激情。激情总会褪去，就像是吃饱喝足的猫，不愿意再看一眼肥肉。

姑娘家的模范伴侣形象瞬间崩塌。姑娘的婚姻已有三年，正怀着孕，颇需要老公的关怀，老公却屡屡表现得让人失望。

口渴的时候，她不再读诗，亦收起了媚眼，只干巴巴地来一句："麻烦给我倒一杯水。"口气陌生得像在请求一位同事。

他去递水的时候，也忘记了轻吻额头，更不会以手亲抚爱人面庞，顶多拿嘴吹一吹滚烫的开水，说不定心里还会嘀咕一句："矫情。"动作官方得像在给领导递茶。

不过才三年，甜言蜜语和柔情蜜意在柴米油盐的日子中汹涌褪去，两个曾经不分你我的人慢慢被琐事冲散开来，再也没有拥抱的欲望。

姑娘和我说："恭喜你，要结婚啦，记得一定要珍惜刚结婚的头一年，那是人生中最幸福的时光，没有之一。"

我想起了姑娘曾经面如桃花绽放的纯真日子，突然就了解了，那时的深情是真，此时的平淡也假不了。姑娘说一生中二百次离婚和想掐死对方的冲动，她都已经用完了，只等孩子出生，全情倾注在孩子身上。

那时候，我和官先生恋爱两年了，即将步入婚姻的殿堂，听闻婚后男人的种种变化，再加上身边父母、阿姨的真实状态，开始相信：乍婚还恋的这一年应该真的是很珍贵的。

再一次为琐事大吵之后，我和官先生坐到谈判桌上，我声泪俱下地控诉他的不是，他亦不退不让地指出我的不足。几个回合下来，我想起可怕的乍婚还恋理论，十分惶恐，失控飙泪。官先生一下子就慌了，连忙致歉。

眼光，真的是一个女人特别重要的能力，而合拍，却是一对伴侣能够深爱的前提。

我们特别诚恳坦荡地谈了一次，既然认定彼此就是要跟随一生的人，对方就是自己最渴望拥有的伴侣，那么有什么顾虑和疑问就开诚布公吧。

官先生听闻了我关于婚姻会渐行渐疲惫的理论，豁达地表示愿意和我一起做个实验。那就是我倾尽所有去爱他，他尽其所能来呵护我，努力打破魔咒，或是延长蜜一年至蜜十年。

即使是只有这个可能，但我们就想一试，我好怕我和别人一样，这一生只有一年才渴望地老天荒，只有那么短短的一年。

最后顺利地扯了证，我和宫先生带上悠闲的假期去云南艳遇之都丽江玩了两个月，幸福得整个人都沦陷给了初婚，那是一种无以言表的美好。

宫先生摇着蒲扇喝着茶，看一眼远方看一眼我，我犹豫间，他已经坐到我的身边，执我之手，抚我长发，许诺爱我一生一世永不变。

我还在娇羞着低眉顺眼间，时光就匆匆飞逝，大地回春，种子发芽，儿子咕咕坠地。

半夜喂奶，我说口渴，宫先生光着膀子穿着裤衩去厨房热牛奶，噼里啪啦的锅碗碰撞声，好似甜蜜的情话，儿子也朝我笑了。

笑着笑着，儿子就两岁了。儿子生日，庆祝完后，宫先生说儿子睡着了，我们俩喝一杯醉一场，感谢相逢，感谢相爱吧。我说好呀，也感谢婚姻。

依稀记起孩子学走路时，不小心摔倒，我和宫先生心疼地相互指责挑刺、差点冷战的时候，他曾在我熟睡时深深一吻，就这样翻过身和好了。也记得他工作失误被扣掉大半工资闷闷不乐时，我默默煎好鸡蛋供他切成碎末，名为给儿子吃，实则给他发泄，事后他夸赞我还好不是瞎叨叨忙着安慰，不然又是一场战争。

其实，我觉得未必会有真战争，顶多算是争吵，只是为生活添油加味。结婚快四年了，我想起那位姑娘曾经说过，人生中只有新婚那一年才会渴望地老天荒，其余年年都在揣摩精神出轨。

实践证明也不尽然，有孩子之前我觉得结婚是这世界上最幸福的事情，而有孩子之后我觉得有孩子是这世界上最幸福的事情。

平淡和气愤都光顾过我们，但我们特别硬气地赶跑了它们。得感谢我老公，陪我把实验做得如此成功，虽然那两百次离婚的冲动我也用掉了好多次，但是每一次用过之后，我都比以往更加确定我要用爱去陪伴这一大一小余生万年。

这样过着过着，一总结一发誓，再一争吵一和好，两个人便白发苍苍了，就成了爷爷奶奶了。

爷爷摇着蒲扇说着那过去的事，问奶奶还记得不?

奶奶说："那可不，都在眼前呢。"

爷爷说："时间过得可真快呀，我犹记得当年第一眼见你的样子。"

奶奶说："我只记得结婚时你答应过我，发生任何事都不要失去同你在一起幸福到底的决心。"

斗转星移，地老天也荒，我们还在爱着呢。时光啊你慢些走，我留恋这世界上的一切，和你在一起的时间太短暂。

怪我没能向天再借五百年，陪你白头之后再白头……

04 听说你弄丢了女朋友

有一位比我小的男生在自己的社交圈里洋洋洒洒写了一千字回忆前女友的种种好，贤惠持家、会过日子，男生列举了种种感人的例子，诸如：坚持不过情人节，拒绝收红包，逛街从来不看衣服……

他最后的结论是，再也找不到这样的好女孩，知道我穷，不嫌弃我穷。他觉得自己太自私、任性、霸道、无理，导致莫名其妙地弄丢了那个即便穿淘宝爆款也依然貌美如花的好女孩。男孩字里行间满满的惋惜与遗憾，一种关于错过与不得的失落跃然朋友圈。

我在那篇文章里，久久地停留，久久地回忆，几分钟过去，眼睛里竟渗出了点点泪花，我认识那个女孩，她那么乖、那么隐忍、那么懂事、那么不会爱自己，那不就是曾经二十几岁的我自己么？

谁不是那样呢？曾经好爱一个人，只求付出，不求回报。可吃的盐多了，走过的路长了，才明白女孩子不是不想要回报，而是她以为你已经给了她足够多的爱。她以为的事情，不见得都是对的；她的爱情实况，不见得都是如她所愿的。

看过男孩发的那段话，莫名心疼他那"买淘宝爆款"的前女友。女朋友总是买淘宝爆款，不是他值得骄傲的事，这是他该心疼的事。

她心灵手巧、眼光好，把一件件爆款都搭配出质感，但一个真心爱她的男人，是不会以此为荣的。

还是得举王左中右的例子，他的老婆穿着四十五块的裙子在他面前转圈儿，他难过地出门抽烟，泪都流下来了。**这才是相爱的两个人最珍贵的样子，我愿意跟着你吃糠喝稀，而你却见不得我没有好衣服穿，没有好首饰佩戴。**

看见一条我很喜欢的留言："我努力挣钱是为了能让你仰望星空。"这才是一个男人该有的样子，她和梦想都是让你奋斗的动力。

她经济独立又怎样，同一件大衣还分奢侈品和爆款呢！一对人恋爱，两个人吃饭，两张关系网的经营，都需要一定的经济基础，难免会有女孩为了你牺牲自我的喜好，放弃专柜里的大衣，披一件淘宝爆款来取悦你。

可是，作为男人，有钱没钱，都要有赚钱的姿态。

我承认我们之间有不可逾越的鸿沟，我与你的价值观大相径庭，所以我支持她离开你，你也不必惋惜。下一次，那个买淘宝爆款的女友离开的时候，别只顾惋惜，你真正要做的是去挣钱，别让她再买淘宝爆款了。不要再打着"女人你自己要有钱"的旗号，骗女友上阵拼命，自己偷着乐了。

女孩不该拜金，但男人也不该以自家女人节俭为荣，得有"我为你拼尽所有才华和能力，你放马来拜我的金"的觉悟。

非常讨厌那些有意无意地拿着"拜金女"吓唬女朋友的人，买件大衣问你好不好看，你说都行；问你要支 YSL（圣罗兰）口红，你说不能自己买么。

买大衣问你好不好看，你说都行，这不是明摆着都不行吗，要是买爆款肯定使劲夸好看吧；问你要支口红，你说自己买，我当然可以自己买啊，可是不再问你索要任何东西的同时也关闭了我爱你的一条通道。

晚上回家后你要求不分你我，怎么白天吃饭、买东西的时候就要你是你我是我了；带她出门见朋友的时候，要求她唇红齿白、衣衫靓丽，怎么一转头就开始炫耀她只会买淘宝爆款了？

真相是这样的。

开篇那男孩的前女友是我朋友，她也看到了那一大段前男友的怀念。她没有给他点赞，也没有在朋友圈公开回复，只是在她一个特别隐秘的只有几个朋友知道的博客里乱写了一通。

敏感的我，一下子就抓住了关键信息："呵呵，你是得穿过多少爆款，才会忽略那男人的质地是粗麻的编制品，只是块走街串巷带你卖报纸的料子。""呵呵"二字明显表明，她不会回头。

后来在一次聚会中，我们才知道，她沉浸在自以为的爱中太久，前男友对她越来越吝啬都浑然不觉。她说上学时感觉不明显，工作后，他们一起出去逛街，男朋友总是要先去KTV唱歌，起初没觉得有什么问题，后来次数多了，男朋友欲言又止的样子，让她恍然大悟。买套衣服动辄上千，而唱个歌只要几十，唱完后天色已晚，借口小城市没有公交、打车太贵，两个人逛不了几家店就得回家。

一般来说女人只逛几家店买不上心仪的衣服，这样男朋友会觉得又省了大把银子。起初朋友只是自己瞎想，有一次，她故意就是不去唱歌了，就非要先去逛街，男朋友竟然当场就翻脸了，说你天天在淘宝买那么多，怎么还要买？

终于验明了真相，朋友舒服多了，虽说为前男友的吝啬感到难受，但更为这么多年才识破他那不动声色的自私和心机而痛心。**她的贤惠持家、会过日子是她该骄傲的事，他的安于现状、自私散漫才是他的人格真相。**

对于男人而言，很遗憾，你弄丢了那个买淘宝爆款的女朋友。

对于女人而言，很庆幸，我离开了那个一逛街就带我去K歌的男朋友。

05 为什么婚姻一定要基于爱

这世上星辰大海、斗转星移、春去春来，而我们人类，独一无二的个体却只有一生一世，还不到一百年。

所以姑娘，**当你嫁人时，我只想问问你：你深爱他么？**

当穿着婚纱，进行曲奏起，亲朋好友的祝福叠起，你是否听得到自己内心那压抑不住的爱和满足在欢腾？如果是，那我几乎要开心地为你掉热泪了；如果不是，那新娘子你，又嫁给了什么？

我曾目睹过婚礼现场司仪问："你愿意么？"新娘板着脸回答："算愿意吧。"当时本该有雷鸣般的掌声，却忽然都哑了，气氛寂静得可怕。

我相信过来人都深有体会，无论是媒妁之言、父母之命还是自由恋爱，无论婚后分歧不断、剑拔弩张还是分崩离析，当时的洞房花烛应该都是一样的不可言表的甜蜜。

"还算愿意"是一种怎样的勉强与无奈。

牵手一位不爱的伴侣走进围城，面对天塌地陷的意外、尔虞

我诈的交际，又怎么会有力量去为爱人顶天立地，又怎么会情愿去抬手挡阴霾、俯首说爱你。

日子比你想象的要漫长，生活比书本里写的要琐碎，倘若没有爱作为底牌，没了心甘情愿的付出、宽容和扶持，婚姻的命运将比纸还薄。

不愿讲这样的例子，又想早点举这样的例子，趁你还在城外，希望你有所体会。

华华模范一般的婚姻终于在众人艳羡中落下帷幕。流言传出来的那一瞬，惊诧和不解却以更快的速度控制了这场失败婚姻的舆论走向。

无论是郎才女貌还是郎财女貌，华华和她的老公都可谓旗鼓相当。一个是机关单位响当当的气质美女一号，一个是地方要企的高层领导。和谐的伴侣形象深入人心，从没传出过什么不和谐的流言蜚语。俩人婚姻的巨轮甚至都没有触碰到什么称得上"礁石"的大障碍，就在风平浪静中，没有任何征兆地翻了。

华华站在风言风语的中央，换上一套明媚的裙装，笑脸盈盈地来上班，有人试图上前安慰。华华摆摆手："不需要啊。如果这一桩婚姻，两人都走到了离婚这一步，我都感受不到痛，还留着做什么？"

多数人的人生都会遇见婚姻，但并不是所有人的婚姻会和爱完全重合。华华就是不幸的女子，她是踩着一切的般配条件结合的，独独心里藏着对另一个人的深爱。

后来，孩子出生后，奶声奶气地喊爸爸妈妈。华华和她的老公也是决心好好经营这个家，也曾暗暗发誓为了孩子，心无旁骛地爱这个家。

所有人都会遇到的鸡毛蒜皮，一样不落地光顾了这两个刚好凑到一起过日子的人。压抑着、伪装着过了三年，他们迎来了压倒婚姻的最后一根稻草。这根稻草太轻飘了，华华讲出来的时候，都没有感受到它有什么压力。

华华说："我已经看你任何都不顺眼了，任何。"

华华老公说："我也是，那分开吧。"

华华老公穿上自己买的西装领带，抓起红本本到了楼下等她。华华安置好自己和保姆一手带起来的、老公不曾插手养育的孩子，用自己购置的大牌化妆品化了浓妆，带上身份证就出了门。一路无话，半个小时后换回了绿本本。

这段婚姻的结束就像水到渠成般自然与顺利，就像很多人恋爱、结婚、生子的程序一样流畅。两位主人公没有痛哭，没有挽留，没有歇斯底里。

听说，她这段离婚对白在机关内部疯狂传播的时候，从四五十岁、已经度过半世婚姻的阿姨，到二十几岁、还在纠结和谁谈恋爱的小姑娘们都在沉默，在思考：最好的婚姻究竟应该是什么样子的？

一段看起来优雅端庄的婚姻都消散得如此决绝，那我们本来就不平稳的婚姻巨轮底下又藏着怎样的波涛汹涌？

我办公室那位常年不说话、基本与世隔离的大叔叹了口气，悠然吐出：**"婚姻啊，一定要基于爱。"**

华华对于离婚没有半点痛苦，只是对于找到下一任伴侣之前的空窗期有些隐隐担忧，那说明什么？她离开的，只是婚姻，只是牢笼，不是爱。有爱，一切都好说，没有爱，再继续走也是深渊。华华嫁给了般配，败给了爱。

听说，这位大叔的儿子带回一位姑娘，传说中的"凤凰女"。家在农村，有一双弟妹等着姐姐救济，还有年迈的农民父母等着赡养，女孩只是飞出农村读了大学，在城市里就业了。

大叔和大叔的爱人谢绝了全部人的游说，大力支持了儿子的选择，问大叔为什么。大叔说，不为什么，儿子喜欢。

放着儿子深爱的姑娘不欢迎，难道去欢迎隔壁家的那套房子啊？这不是傻嘛。

我们都知道大叔曾经有过一段失意的人生，可是大叔的爱人没有半点嫌弃，反而一边开导他一边从屋后走向台前做生意，帮衬着养家。

大叔曾经一度很是诧异，自己失意的时候脾气差、性子倔，动不动就和爱人呛声，爱人为何统统都能忍下来。大叔的爱人说："我家务做不好，经常打碎盘子、碗，菜很咸，汤没味，你不也忍了吗？"

大叔说如今工作清闲了，他才弄明白为何两个同样都很硬的人，会把日子过得这么软和舒适。因为啊，他和他爱人是自由恋爱并在最深爱的时候结婚的，所有为对方做的一切都有爱可循、有源可依。

如果两个不相爱的人结了婚，看到所有的缺点都在放大，感到所有的不满都会膨胀，不疯狂才怪。一定要我骂你两天，你揍我一顿才够。如果是因为相爱，我们便不忍心恶语相向，不能够把嫌弃全盘托出。

大叔吃不了没滋没味的饭菜，索性和爱人一起下厨房，也不指导，就是一边炒菜一边自言自语："该放油啦，盖过锅底就好……该放盐了，半勺吧……添点水吧。"然后他爱人就慢慢有所长进了，虽然一辈子也没达到厨艺精湛的地步，但大叔吃不够。

而大叔的爱人也不愿看到大叔为公事而影响心情，主动要求开个店，也不叨唠着累，就是有事就问大叔，让大叔一直坐稳幕后老板的位子。逐渐地大叔就走出阴霾了，婚姻的巨轮一直都很平稳。

家庭越来越稳固，儿子成长得又出色。他们不在意儿子喜欢的姑娘有什么身家背景。睡觉只是一张床，吃饭不过两碗饭，只要身边有让自己心生欢喜的人，饭自然会香，觉自然会踏实。

他们儿子和儿媳恩爱有加，孙子出生，看着家里的爷爷爱着奶奶，奶奶爱着爷爷，爸爸爱着妈妈，妈妈爱着爸爸，自然会身心健全地成长起来。

婚姻实在是太繁琐了，柴米油盐一点也不优雅，赚钱养家一点也不顾光鲜，日复一日一点也提不起激情……能和这些毒瘤抗争的唯有爱。

有爱才有我心甘，才有你情愿，才有我为了你开心甘愿扮一生小丑的固执，你为了我的梦想退而定居二线的豁达。

有爱都不一定能百年好合，没有爱更是如履薄冰、一生颓废。有人跳出了牢笼，如华华，无爱的婚姻自私到连架都懒得吵；有人没有勇气跳出去，却一辈子都不欢乐，怯懦的傀儡永远都拉扯着决心。

你要是前一步走错了，因为太多其他的因素选择了嫁给这个人，唯独忘了"爱"这个必要因素。而下一步你又想回轨道上来，又要体贴又要宽容，但这些只有真爱才能赋予。

唯一的办法就是去爱。无论是婚前还是婚后，绽放你自己的魅力，让你爱的人爱上你。你想要的一切都会自然而来。

提起婚姻这个话题，就算再有说不完的哲学想要同正在城内外徘徊着的女人们分享，也仿佛如鲠在喉……

我曾经是写不了这样的文章的，因为我近乎固执地认为你我面前的这些男人，高矮胖瘦，说不出一个统一的放之四海而皆准的模板，供我们去参透。

然而目睹了华华失败的婚姻、听了大叔关于婚姻要基于爱的道理之后，我忽然觉得，失散的婚姻各有各的不幸，而天下好的婚姻应该是有模板：**嫁一个当下你觉得无与伦比的男人，娶一个此刻你爱得无怨无悔的姑娘。**

无论将来如何，一定要对得起现在的心境。一生短短几十年，没了钱可以挣，没有房可以租，没有爱的日子就只剩下熬了。

婚姻琐碎，爱与不爱，日常生活中外人看似无差，实际自己体会的差距太大。时光如梭，你很快老去，容颜被侵蚀，步伐变迟缓，目光也呆滞。凑合着生活的伴侣，会嫌弃，会远离，会终日无话。而深爱着你的伴侣，却带着爱和温暖厚爱着你……

社会已经奔上了小康，大抵不会让你选择坐宝马还是自行车了，但是宝马和普通大众，要怎么选？

选你爱的那个人，他开什么车半点都不重要。

06 愿你永远都不用发朋友圈

我发朋友圈，我老公从来不点赞，这让我很郁闷：我们是什么关系啊，我有什么动态，你为啥不第一时间赶来捧场呢？

我提醒过他几次未果，也就不再说什么了。可是有一次，我差点真生气。

我在单位第一次接手装订工作，笨手笨脚地被锥子扎破了手掌心，血汩汩流了一片，我忍住疼，第一时间拍了照片，发了朋友圈。马上，评论里就问候声、心疼声一片，当然点赞的更多。

独独缺我老公的，我知道他上午有个会议，肯定在玩手机，不可能没看到我的动态。一个小时过去了，我彻底失望了，他老婆受伤了他还是无动于衷、视而不见，他到底爱不爱我？

正当我陷入没人爱、没人疼的可怜状态，手机响了，我老公温和地在电话里说："快下楼，给你买了创可贴和西瓜。"

惊喜感动万分的我依然板着脸："你就不能先给我发个微信再来？我还以为你视而不见呢！"

我老公依旧温和："你能不能别再用朋友圈考验我了，我就在离你五分钟车程的单位里，你打个电话多好。你这样有事发朋友圈，万一我正好没看见，你又生闷气。你看，我晚了一个小时吧，估计你都用卫生纸包扎过了吧。"

这时候还能讽刺我，但我还是很开心，假装生气说："可是别人的老公都是第一时间点赞啊。"

我老公很无奈："你手掌划破了，你让我点赞？"

我："可是，你买西瓜干什么，马上该吃午饭了。"

我老公笑场："免得你以划伤手掌为由，中午又吃俩猪蹄，晚上又发个'胖了，是不是没人要了'考验我点不点赞……你说，我就在你身边，有话就说，有事就办，你发什么朋友圈，多此一举，真是脑子进水了。"

我觉得是时候给他上一课了："自己不知道从我的只言片语里猜测我的愿望，还怪我脑子进水了。"

发朋友圈不是目的，要来你的关怀才是目的。

我特爱看好友L发的朋友圈，从各色美食到各种自拍，从晒情人节礼物到晒出国游景点，偶尔还穿插点生活感悟。色香味一应俱全，看她的朋友圈是一种享受。

有时候我还会特意去翻她的朋友圈，看看她最近有什么新花样。上一次翻是两个月前，居然没更新。这一次翻，还是没更新，我觉得很奇怪，就从微信里给她留言："好久没有你的消息了，咋不发动态了？"

五分钟之后，我的电话就响起来了，是L打来的，寒暄了一阵子，她开心地告诉我说，之前暗恋的那个同事已经向她表白了。两个人整天黏在一起，吃在一起，旅游在一起，就连每天她化好的妆，他也能第一时间看到。L觉得，突然没什么发朋友圈的欲望了。因为她最想被点赞的那个人，现在已经天天在自己身边了。

其实你发朋友圈，想被谁看到点赞评论，心里早已经划好了圈。就像在我这里，别人再多字的评论也不如我老公的一次点赞。之前L整天上蹿下跳地打理朋友圈，还不就是为了引起心仪男生的注意。

其实，谁不知道呢。你转发笑话大全是想逗他开怀一笑；你转发新闻大事是因为他喜欢看时事；你发条"饿了"的动态是暗示他可以约你；你发条"无聊"的动态是想告诉他你有空；你转发天气预报是不好意思主动开口说加衣；你发条"开心"的动态是想表达一下遇见他你觉得好幸运。

总之，你是在圈里向一个人抛出媚眼，等一个人反馈回应。

可是，如果那个对的人、懂你的人已经成为你的男朋友，日日夜夜陪伴在你身边，如果你在工作上不开心了随时有人开解，如果你吃过的、见过的好东西都有人陪你讨论，如果你好看的、难看的自拍都有一个人可以看，那还发什么朋友圈？

我说："那我们呢？我们还想通过朋友圈了解远在他乡的你啊。"

L说："我们可以打电话啊，说实话毕业后，我们都习惯了聊微信、发朋友圈，一年都打不了一个电话，想想也挺奇怪的。"

是呀，朋友圈到底是静的，不如打个电话听听彼此的声音和语气来得真实。

L说："但凡现在身边有知心朋友的人，谁还发朋友圈啊，光应酬朋友都招架不过来啊。"仔细想想好像的确如此。

我身边还有一位从来不发朋友圈的美女呢！她叫文文，外表很光鲜，而生活又太神秘，总有好奇的人偷偷翻看她的朋友圈，以求发现点"她其实不像看起来那么幸福"的蛛丝马迹。可是她的圈里啥也没有，隔上三五个月再去看，还是一道线。

她说没什么想发的，身边三五公里之内，总有一个电话就可以叫出来的人，或者闺密，或者老公，或者亲人。

她的香水美食，有一帮闺密亲自追到眼前，欣赏品味；她的头疼脑热，有一位知冷知热的爱人就在一个回头的距离内，嘘寒问暖；她的思想动态，有一串可以随手拨出去的电话号码，沟通交流。

这样的日子，换成是我，也不需要发什么朋友圈。

我老公听闻我的逻辑，表示不能更同意了，说："你终于开窍了，你看我从来不发朋友圈，就是因为你在身边。要你，不要圈。"

"要你，不要圈"，这是我听过的最接地气的情话。

好像身边爱发朋友圈的人越来越少了。歌里说"越长大越孤单"，如果懂你的人就在身边，孤单总是可以被填满的。

当告别十几二十岁的少女时代，挥手告别爱憎分明、喜形于色、五彩缤纷的朋友圈，迎接我们的是成熟、淡定和从容。再也没有什么人需要我们去暗示，再也没有什么物品能激发我们的虚荣，再也没有什么事情能击溃我们的平静。

愿你丰衣足食、现世安好。**愿你早日遇到真爱，遇到愿意和你分享生活的人，愿你永远都不用发朋友圈。**

07 这个时代越来越多人隐恋

我一单身超久的朋友昨天给我发请帖了，说是五一结婚，吓我一跳，因为据我的了解她根本就没有男朋友，何来结婚呢，跟谁结呢？但是我没有直接问她，恭喜过后表示一定去参加婚宴。

挂完电话，我赶紧跑去翻她的微博、微信朋友圈、QQ空间，因为这些社交软件上的好友太多了，并不是每个人更新的动态我都能看到，所以我觉得一定是我遗漏了什么，太不关心她的情感生活了，有些不好意思。

可是，半个小时过去了，我没有从她的这些地盘上发现任何有男友的迹象，我那么敏感、爱捕捉潜台词的人，却也很难从那些养身鸡汤、娱乐八卦里推断出她身边有人了。她的每一条更新都是不痛不痒的适合课间休息时翻阅的消息。

我给我们共同的朋友打电话，商量礼金的事，我问她知道这位朋友有男朋友的事吗？共同的朋友说："不知道啊，这不刚刚从电脑旁撤下来，把她的博客翻了个底朝天，没发现任何蛛丝马迹，隐藏得够好啊，这家伙。"

哦，原来不知道实情的并不是我一个啊，我说："难不成是闪婚？"共同的朋友说："以她的小心性格，闪婚不可能，隐恋倒是有可能。"

隐恋？《杜拉拉升职记》里那种怕被辞退而不敢公开的恋情？可是我们是在"体制内"，不是禁止办公室恋情的私企啊，不存在公布男友被辞退的风险啊。

共同的朋友说了句："说来也可以理解，毕竟我们都是三十好几的人了，谁还有个风吹草动就咋咋呼呼地发个朋友圈，昭告天下呢，你以为我们十八啊……"

听完朋友的话，我突然有点理解了。其实隐恋这种事，和年龄无关，又和年龄有关，这两者的关系简直千丝万缕。

当年我参加工作的时候，22岁，身边都是年龄差不多的女孩，刚入职的最初几个月，我们都觉得很尴尬的事情就是，单位的大哥大姐们都在操心我们有没有对象。

没有对象的话，好一些，顶多有些热情的大哥大姐积极地给张罗相亲，对生活没啥影响。

有对象的话就惨了，就把对象的资料从头分析到尾，分析来分析去，最后大多得出结论：异地恋不行，没编制不行，大学恋爱很难成……分了吧，分了吧，姐（哥）认识一个领导的孩子……

　　然后呢，瞬间全单位，甚至全城都知道了你的底细，假如将来你和对象成了也行，故事大家就逐渐遗忘了，假如不幸和对象没成，又图工作稳定辞不了职，还得在这个圈子里混，那以后提起你，故事就是这样子的：

　　"小张啊，哦，还没对象，你给介绍一个呗。这孩子倔，以前有对象，怎么怎么不好，让她分她不听，这不还是分了嘛。好孩子给耽误了，赶紧给介绍一个。"

　　想想就够吓人的，当时同时参加工作的一个姑娘说，在社会上混了几年的表哥告诫她的第一件事就是，**有没有男朋友这件事儿，千万不能在单位公开。公开的话非但没意义，而且全是后患！**

　　因为她表哥当年一表人才，大学毕业就把女朋友带到这个城市，恩恩爱爱所有人都知道，可是后来，感情的事嘛没法说，俩人分手了，但是任凭她表哥怎么个性自由也抵挡不了舆论的泱泱众口，各种版本的小道消息在圈里流传。

　　而她表哥在这个城市混得不错，也没打算跳槽，这就等于他的感情生活基本曝光在身边同事朋友的眼皮底下，诸多不舒服啊。

　　所以他才将经验传授给了表妹：**学会隐恋。上班不提，就说没对象，下班怎么恋爱谁知道，要秀恩爱、晒幸福、博点赞，申请个没有身边人的微博，干吗非得做透明人。**

　　这番理论曾经听得我们连连点头，一致同意。我们到底是毕业了，是社会人了，是要遵守混社会的一些约定俗成的规矩了。

不能像十八岁时在校园里那样，表白、约会、收花、送巧克力都晒朋友圈，因为那会儿身边都是青春洋溢、情窦初开的青年，大家内心的小兔乱撞的心情如出一辙啊……更重要的是，毕业后，我们大多会天南海北、分道扬镳，那时候公开的事情也会成为毕业后的秘密，无需有心理负担。

听说过一句话：不是越来越少的人发朋友圈了，而是你老了。

因为你老了，你成熟了，你身边接触的人除了同龄人还有各个年龄段的人，大家的思维方式都不一样了，你开始慢慢地明白没必要把所有的生活都曝光了，你学会了隐藏情绪、隐藏个性，还有隐藏恋爱事实

十八岁时，你可以半个月换一个男朋友，肆意地在朋友圈宣扬，你二十八岁的时候，半年换一个男朋友，发表在朋友圈试试看咯！

有人说，爱一个人就要昭告天下，就要勇敢地在朋友圈晒出来，捂着藏着就是不爱。可是，你知道吗，爱这种东西，它不是永恒存在的，两个人相爱的时候是真的，可是未来有一天两个人不再相爱也是有可能，毕竟天下还是有那么多分手的人们。

假如有一天我们分开了，那些晒过的痕迹都成了讽刺，成了别人舆论的导火索，我会不舒服。

如果我想保护自己，那我也会选择隐恋，这和爱不爱你没有关系，两个人的幸福，两个人知道就好了。即便分开，两个人的痛苦，两个人吞下就好了。这段感情能带给未来少一些牵绊，就算善始善终、值得缅怀了。

这种考量，我们十八岁时没有去想，那时候任性放肆是我们的主流，二十八岁却想了很多，这时候岁月静好取代了很多锋芒。

有时候会觉得特别遗憾，你看，这就是所谓的成长啊！天知道这种成长让我们失去了什么，是不是热情、赤诚和勇气呢？我想随着成长，随着你经历的挫折和困难越来越多，你总会学着慢慢把自己套进套子里。

虽然夜深人静的时候，你仍然无比怀念那个敢爱敢恨的年岁，但生而为人，到了什么年纪，思想会发生什么改变，你得学会接受自己，懂得自己。

任何事情都没什么不妥，只要是为了自己好，就可以了。

PART 3

坚强的人从不掩饰自己的伤口

你说天塌了

我说别怕，我的天也塌过

为自己加冕梦想的皇冠

陪自己承受岁月无情的变迁

风走了八千里不问归期

却也在计算里程

01 你不坚强，谁替你做这些

你对别人充满期待，也同时把自己低进尘埃，别人说不好玩要离开。你冲上去抱他的大腿，哭喊着我们的爱情不能卖，别人摇摇头，挥挥手，然后大步离开。

从前的爱情都浓，你喂我汤饭，我给你情谊，执手站上泰山，许诺一生的"山无棱天地合，乃敢与君绝"。

可没过多久，太阳照常升起的普通清晨，你突然成了一个人，曾经你深爱的人与你走散在锈迹斑斑的轨道上。你泪流满面，拨通电话，逮人就说："喂喂，你得安慰我、同情我啊，你看，我的天都塌了……"

二十几岁的朋友们，失次恋，堪比天崩地裂，没几个人能豪迈地闯过去，笑看江湖的你分我合。

你真的痛苦到没有勇气再往前走了么？真的。起码那一刻是真的。

你看过好多电视，听过好多故事，认准一个道理，要理发、换包、买新衣服……那些程序一本正经得就像要洗心革面、重新做人。

可满眼闪亮的指甲油填不满你空洞的眼神，你的疼痛化成苍白一点点渗出来。你小心窝囊得像个做错事的孩子，情感的冲击比电流还具杀伤力，瞬间你就思念成疾，暴瘦二十斤，憔悴得不成样子。

你和闺密喝咖啡低头垂目，变得极其不自信；你同老板讲加薪，犹豫再三还是算了，你觉得水平不够。

失恋是一种成魔的心绪，你觉得好运不再了。你觉得好像一把年纪了还一事无成，徘徊在公司的底层，月底的工资不够给自己交房贷、交车贷、买化妆品，年终的幸运抽奖也没你的事。就连去年你手里最大的本钱——那个臭男人，也已经从你的口袋滚出，落入别人囊中。

你在自己的日记本里，一遍一遍写道："日子糟成这样，我还能撑多久？"

我不喜欢撑这个词，它意味着无奈和消极。

这世上有很多大道理，比如天下何处无芳草，比如下一个你更强，比如分开以后我成了更好的自己。

但我说服不了你，你会说我没法对你感同身受。你可以无视很多人对你的劝说和陪伴。但有一些事，总会出其不意地闯入你的视线和大脑，点醒你。

比如：你流着泪，吃着面条，抬头不小心撞见父母触目惊心的白发和皱纹，大滴的泪落入碗里，就着吃了二十几年的荷包蛋面，格外的酸涩难咽。

你妈问你怎么了，你说："妈，你的头发该染染了。"

你妈不好意思地摸摸头发，尴尬地起身，边去厨房边说："头发两个月前刚染过了啊，哎呀，人老了，真是。"

你仍然低着头，却能感到母亲挪开时带起的那一阵风，那苍凉的气味与感觉，能横扫一整个夏天的燥热。

世界骤然安静了，你不痛苦了。是啊，你不坚强，谁来替你做这些？

父母已然年迈，不再是那个领着你的小手去赶集，满足你各种好奇心和玩具欲的大人了。**他们是老人了，你是大人了。**

他们开始了这样的期盼：搬个马扎坐在街边或拿个电话守在窗边，翘首凝盼，等待他们从小呵护着长大的孩子带着一脸笑容推门而入。

他们的身体被时光装进了报警器，随时都有可能鸣笛找人，有时需要你挣一摞摞的钱换成保健品，有时需要你请成载上月的假来陪伴。他们的宝贵晚年，想要去外面看看，想了解你手机里的诗和远方，而你得自觉地将自己转换成百度模式，带他们去认识这个日新月异的世界，就像他们小时候教你穿衣、吃饭那样耐心。

他们着急你长大、成熟，他们希望你抗挫折，他们等不及你在情感的漩涡里一次次迷失过去又清醒过来，沉醉过去又震惊起来。

你未来的男友前赴后继，不会缺席。但你身后的父母，日渐衰弱。

爱情那点周折算什么，比起父母老去的速度，实在是太微不足道了。你决定还是要撑一撑，用你坚强的信念为老去的父母撑起一片有力的天空，吹走前路阴霾。

失恋真的是一件好糟糕的事情，希望你不要有。但一旦有了，请你稍微侧侧身，从爱情失利中分分神，让自己去看到那些平时忽略掉的，会让你更疼的事情。

你妈的白发和你爸的痛风，写满你成长的诗歌，请别让一曲《爱情买卖》将人生拐跑了调。

有人问你，日子糟么？你要答，曾经糟过，正一点点变好。

还有人问你，天塌了么？你笑了，别笑话你啦。

爱情的溃疡腐烂一次，伤在嘴里，疼在心上，久而久之竟也能全身而退了。再遇人不淑，你也得转身告诉你那年迈的父母，不急不急，你们的宝贝女儿岂能将就。

再说，你并不孤单，谁不是一边流泪，一边看清恋爱的真相，才明白我们自己不坚强，没人替我们保护身后挚爱的亲人。

　　所谓成长，就是一边痛苦地踩上荆棘，一边拔掉脚底的刺，把一根根往事与经历编织成跑鞋，再披甲上路。

　　别问我为什么对你感同身受，当你告诉我天塌了的时候，好巧，我的也塌过，她的也塌过，我们的都塌过。

　　反正，我当年回头看一眼父母，就自动痊愈了。

02 对呀，我就是要花他的钱

据说，男人眼里女人最美的样子就是，你搂着他的脖子，点着他的鼻子，高高兴兴地回应他："对呀，我就是要花你的钱，怎么着吧。"

钱是男人们用来示爱的最喜欢用的一种方式而已，别把钱扭曲了。在男人的世界里，他的爱情逻辑学没有多愁善感，没有步步为营。爱一个人，就是想给她钱花，就是要把全世界最好的东西都给她。

有些姑娘对待该不该花男朋友钱这个问题上，总是很纠结，更倾向于经济独立、各花各的、你来我往的观点。

那也是我曾经的观点。我自己年轻貌美还力大无比，赚钱能力一点不比你差，为何要去花你的钱，主动将自己往"附属品"上靠呢？

你给我买个链子，我送你个手表；你送我个豪华游，我就买一对iPhone7，你一个我一个。你永远也不会瞎嘀咕："哎，她是不是图我的钱，怎么把我当提款机啊？"

曾经，我要的爱情，是我与你精神上的势均力敌，物质上的平起平坐。

"小灭绝师太"灵灵就是典型代表，她是清新骄傲的女博士、大学老师，朋友圈满满都是关于女性独立的文章。不用见面也能猜个八九不离十，她刷男朋友的卡一定很慎重。

果不其然，在某次几个女人的小聚会上，她关于"不花男友的钱就是爱情的底线"的言论颇具煽动性，令很多刚刚在七夕大手笔刷过男人的卡的女人坐立不安。然而，在其他女性们还在纠结犹豫要不要赶紧放下家中财政大权的时候，灵灵被男朋友找茬了。

"为什么你从来都不收我的礼物、不花我的钱？有本事你别要我的爱啊！""为什么钱就是物质，爱就是精神？我和你在一起，连我自己都给你，就单单要把钱撇出来？"

灵灵长这么大，遇到的最可笑的难题便是，要不要花他的钱？

她男朋友愤怒地表示："你总是这样清高骄傲，从来不花我的钱，是要划清界限么，是准备随时全身而退吗？"

灵灵振振有词："为什么会这么觉得，因为我们还没结婚，我为什么非要收你的东西，我不想做你眼里很物质的姑娘。"

其实灵灵对她男朋友也是情有独钟，非常满意地将其当成未来结婚对象来相处，所以更加谨慎小心，尤其是在自己的经济能力远不如对方的情况下，一定不能太过于物质。

可是她那学经济的男朋友的逻辑只有一点："你不爱我！"

灵灵"蒙圈"了，连发几个问号："这个世界上的男人怎么了？都贱得求着女人花他的钱么？"

我们说："他是挺贱的，贱贱地爱着你。"

所以，要不要花男人的钱，不是三五个女人们开会就能讨论清楚的，每个人处境不同，观点也就不同。就这个问题，得充分考虑男人的想法。

其实，男人的英雄主义都很简单，就是让自己爱的姑娘享福。他们觉得，爱女人最直接的方式，就是递给她一张卡，再配上一句：随便刷！但女人觉得，如要爱一个人，则要分分钟经受住考验，我就不花你的钱，我就是那个靓丽且单纯的邻家姑娘，我就是只爱你这个人。

女人花男人钱这种事，纠结的只有女人，分析来分析去，得不出什么结论。而在男人那里，有什么应该不应该的，你花你男人的钱，不是很自然么？

姑娘，谁需要你表忠心呢？谁不知道你是新时代女性，既能貌美如花又能赚钱养家呢？谁不知道你是以一棵树的形象，和他站在一起，能挡掉的风雨、能结出的果实一点也不比他少呢？谁不知道你自己也买得起一切想要的东西呢？

但不要忘了，你除了是一个独立的人，你还是被一个男人深爱的女人。

别把钱扭曲了，它不是虚荣心、物质女的外化表象，它是男人们用来示爱的，而且是最喜欢用的一种方式而已。

和他对你说情话、对你体贴、接送你上下班是一样的，你照单全收就是了。

你连他的钱都不花，你让他在这个没东征西伐的机会的和平年代，去哪里找当英雄的感觉？他英雄主义爆棚的时候，大概就是他的爱人拿着他赚到的钱，在一个特别的日子里大手一挥买单的时候。

逞强和独立这种事，应该是对外的，而不是对着你自家的男人的。

相爱的时候，你非要什么主权，什么独立，愣是不收他的礼物，不花他的钱，无疑是堵死了他靠近你的路。

最妥帖的做法是，接受他对你一切的好，包括钱，反馈给他更多的爱，也包括钱。

你爱他，就一定不要忽略他真实的内心感受。在他的逻辑里，他爱你，既要给你很多的爱，也要给你很多的钱。

我曾经在不同的时间问过不同年龄段的男人们，关于女人刷他的卡这件事。

A男人说，他每次出差，给家中老婆打电话，最喜欢听的就是她娇滴滴地说："你别给我打电话，你给我买包。"她肯花他的钱买包、买衣服、打扮自己，就说明她高兴，那他在外地也就不担心了。

B男人说，他是通过女朋友喜不喜欢花他的钱，来判断自己有没有做错事的。如果哪天对女朋友说"去逛街给你买衣服吧"，她说不要，或者哪个节日去看一眼她的购物车发现是故意清空的，他都不踏实。

C男人是文艺男青年，直接给我来了一句迄今为止我听过的最美的话：给她戴上一根项链就是圈住了她的心，给她送上自己的钱包，就像是向世界宣布了自己的地位。

物质的女人当然有很多，电视剧里尤甚。在现实生活中，都是陪你成长、伴你左右、给你生孩子、许你未来的好姑娘。

她们左口袋装满自己的粮食，右口袋揣着男人的卡，掌握经济大权，却又倾斜着为男人和家庭提供更优质的生活，当然也绝对不能亏待了自己。

钱，不是评价一个姑娘是否物质的标准，不爱他只爱他的钱才是。

别想太多，没那么复杂，因为你们相爱，那就请放开别人口中那些不好听的怨念，单纯大胆地认定：我花你的钱，就是我在爱着你，也允许你爱我。

　　而如果有一天，你觉得花他的钱是一件恶心的事情了，那谁都知道，最可怕的事情发生了，你不爱他了。

　　所以，男人们，想要了解身边的姑娘是不是真心真意和自己相处，你又多了一条途径。

　　毕竟，没有几个女人是真的只想花你的钱，而不想和你有未来的 。

　　有时候，你的钱包有机会随时对她敞开，也是一种幸福。

03 分手前还是"撕"一下比较好

你分过手么？你的分手现场是怎样的？是像黄小仙那样出轨捉个现形被迫狼狈离开，还是像街边的陌路人那样悄无声息？

我猜都不是，生活远没有电视剧狗血，但比虚构情节更意味深长。没有第三者也没有软暴力的时候，你就是想分手。

并且，分手前还是"撕"一把的好。

我的好朋友给我打过一个电话。她在我电话接通的第一秒，先是激动地大笑："你知道吗，我把他约出来，好一顿数落，好一顿臭骂，最后气到他拳头紧握就是不敢落下来，我在众目睽睽之下，扭头离开，真的是爽爆了！"

下一秒，她就呜嘤呜嘤地哭了，她说不为啥，就为那些逝去的、曾经那么珍贵的美好岁月，哭一把。

两个人在彼此的生命中的退场，一定是两败俱伤、没有赢家的。她哭够了，告诉我："我唯一不能够释怀的，就是他一落座就开口问我为什么？我也不知道为什么啊，我就是想分手，并且想'捅他一刀'再分手。"

我理解她，这样的姑娘不是怪物，城市的角落里到处都是。她们也不知道为什么，平时温和的她非要和他在街角对骂半个小时来确认俩人完蛋了。她也很奇怪，三五个月不再联系的他们非要找个机会见一面细数对方让人难以忍受的缺点，直到双方都青筋暴起恨不得掐死对方才明白，原来是该分手了。

分手是很难和平的，分手比答应告白更需要仪式感。总得大吵一架、"撕逼"一场、放下狠话老死都不相往来，仪式感颇重地演上一段，方才正式确认这一段关系的破裂。

而其实很早，两个人都已经对彼此的找茬心知肚明。我们为什么需要仪式？结婚是为了千万人见证幸福，那分手这么隆重的伤害彼此又为的是什么？

因为，毕竟我那样深刻地爱过你。离开爱过的人，是不可以回头看的。

那些牵手拥抱和吻别都是讽刺，都是对自我昨天爱情价值观的推翻，好怕自己跺着脚难过，怎么会爱这样的人，当初怎么还那么热烈。所以，我要给自己最痛的一刀，给爱情最不堪回首的记忆，防止自己回头看。

很可笑对么，可有些姑娘就是这样子的。

"别问我为什么离开你，我要是知道，也不会痛苦到亲手划破曾经最珍贵的你和我的关系。"换句话说就是，我能给自己最好的告别就是爆发一次，而我能给你的最后的爱就是让你恨我。

我曾经以为最好的再见方式是不了了之，现在才明白其实最烂的方式就是不了了之。你就这样不负责任地离开了，让那个错的人永远没有机会去明白错在哪里，永远都带着一份曾经语焉不详的爱继续探索在寻爱的路上。

曾经一个好姑娘，异地恋的男友换掉电话、拉黑QQ、封掉邮箱后从她的世界里彻底消失了。姑娘发疯似的满大街、满网络地寻找他的蛛丝马迹，几乎能联系上的所有人都被她问了个遍，而消失了就是消失了，即使她问到了他身边的人，又有谁会"蹚浑水"呢？

姑娘带着伤痕累累的身心整整挣扎了三年，终于在大海边将内心的苦楚发泄出来，我印象最深的便是那句："我宁可他指着鼻子骂我丑、骂我傻、骂我没劲，我也不要他悄无声息地消失。"

一个人突然的不告而别，让爱没了抓手，让恨没了方向，仿佛将可怜的姑娘置身前不见村后不见店的雪地里，除了冷还是冷。我做过的错事不是爱过你，而是爱你时没定好分手规矩，所以才这样幻灭。

明明一场"撕逼"就可以给彼此新生的希望，不守规则的一方却将另一方推向痛苦的深渊，难以自救。分手后，谁也不能停止爱，有的人明明白白地离开，有的人稀里糊涂的，很难重新开始。

所以，离开我的时候，不要心软，"撕"个够，骂个明白。

逻辑推到这里，似乎突然明白了那个给我打电话的朋友，那个笑完狠狠哭的姑娘。

对极了。

不要在分手的时候心存什么疑虑，别问对方为什么离开你。因为，男人和女人都给不了对方一个正当的理由，所有的东拉西扯的借口，都不过是一份内心感受。但请给分手一个正儿八经的仪式。

你们面朝大海许下的诺言需要一份毁灭，你们甜言蜜语、耳鬓厮磨的场景需要一把烟灰，你们天知地知、你知我知的回忆需要一份疼痛。这些都齐全了，才能够利索地转身。

他不问你，你也不需要解释为什么要离开他，你就随便找一个细致的理由说服你自己，你就是该离开那个人了，你就随便找出他的一个缺点，你就是看不惯了。

分手"撕"，是这世上最应该的"撕"。"撕"完，请相忘于江湖。

04 对的人，等不来

我一直都很奇怪，高中时代的班花为何至今没有爱人，未婚待嫁。

中秋假期某天的同学聚会，我们之前玩得比较好的，毕业后也一直在联系的同学们凑到一起，三下五除二就打开了话匣，一番热闹后，话题就落在了班花身上。

她摇头叹气说："也不是没有过好的机会，比如某某，再比如某某某，还比如……但是当时我都……所以就全都错过了。"

她一口气描述了三个条件不错还曾花费心思追求过她的男生。因为结局早已经知道了，我们就竖着耳朵迫不及待地等她诉说原因，到底是为什么让美丽、博学、聪明又善良的她和某某、某某某，还有某某某一再错过呢？

她讲的故事里，每个"可是"转折的方向都不同，要么是想等等看他的耐心，要么不想那么主动，要么她刚想回应他却已经等不及离开了……

当几个故事一连串讲完，有听明白的人一针见血地指出来：

哦，原来你在等啊。

我猜，很多人的心里还藏着"哦，原来你在等啊"这句话的下半句"怪不得你把自己等到了三十好几还孤身一人"。出于礼貌和情商，没有人会说出口去伤害她，但大家都开始挖空心思地委婉劝她，别等了，该出手时就出手。

谁也不是许仙、白娘子，我们的青春短短十几载，我们无所畏惧拼命恋爱的时间更是短暂，可能也就四五年吧，我们玩不起千年等一回。

"等"是一个听起来美好又文艺的爱情遇见学词汇，有很多优美的句子都提到等："我知道你会来，所以我等""等一个不将就的人"……

可是，姑娘你想过没有，等其实意味着被动。被爱和去爱可是完全不一样的体验，前者懵懂模糊、似有若无，后者甘之如饴、刻骨铭心。

如果有机会，无论你多么内敛甚至清高，遇到令你怦然心动的人，请你朝着他的方向走几步，你走得越多、越欢快，你们的手牵到一起的概率就越大，你们能同行的概率也越大。

请相信，对的人是等不来的。对的人是两厢情愿的人在相同的时间和相同的频率里的一种彼此取悦。

假如一个永远在付出，一个永远很被动，爱情跷跷板上方的你一直不肯落下来迁就、体贴、温暖我，那我过了新鲜期，要靠什么支撑着继续向无底洞付出呢？我就会考虑下要不要起身离开，换下一个跷跷板可能就会遇上另一个合我心意又会玩的异性，我们你上我下、你下我上玩得尽兴又欢乐。

伴侣不是父母，靠单向付出怎能维持稳固？

爱情的最初是无私的。乍见你之时的欢愉，够支撑我一年都殷勤热情呵护你的时光，再往后我就考虑能不能回本了，我就想要回报了。现代社会这种快恋爱节奏，再好的第一印象，再深的一见钟情都难以让人付出一年的沉没成本。

爱情的结局是自私的。人类是最精的动物，我前面表现得那么乖巧温顺，都只有一个目的，"骗"你到怀里来啊。换句话说，当我付出再付出，积累到一定量的时候，我就想要一个反馈，要你明确一下同我交往的意思，老这么暧昧着，耗不起。

班花表示，她最喜欢省略号里的那位男士，心动已久，盘算再三，终于下决定可以与其约定终身了。可这答应追求的台词她琢磨了太久，等她决定说出来的时候，对方的爱由热转温又转冷，最后连对象都转了，一切已然来不及。

她追悔至极，逃出家乡流浪了一个月来给自己上课，这场错过为自己慢热的性子打了好狠的一板子。

故事听到这里，我内心早已经按捺不住了："你去告白吧，他不是还没结婚么，只是重新开始相亲了而已。"

　　班花微笑着摇摇头："算了吧，他还不是特别喜欢我，如果真的很喜欢又怎么会连这么点时间都等不及。"

　　这就是喜欢等待的人的逻辑。他们总以为你要是足够爱我，就一定会谨遵那句哲理："爱我是你一个人的事情，无论我怎么冷淡和无趣，你都要认真地用心地爱我，直到把我从冰块里温暖过来。"

　　他们总觉得人生那么长，可以用一辈子去等一个人，也可以用一辈子去考验一个人。可"两厢情愿"的逻辑不是这样的，只有心心相印的日子才称得上爱情，那些我单恋你、单追你的时光越短越好。

　　他们认为三五个月还对不上眼、感受不到丁点默契的人，多半是错的，但事实上你还没有尝试着去和对方默契磨合，而对方向你抛来的默契却被你拒之门外。

　　我认识一个女前辈，五十几岁，经常和我们聊人生、聊爱情，她说得对：哪有什么对的人，分明是两个个性不同却又单单相互吸引的人，走到一起摸锅碰勺了，走过岁月斑驳，琐碎几十载。子孙满堂时，这两个人才敢说他们对彼此是齿和轮，完美地啮合在一起。

　　别等了，别考验了，别思来想去了，去和心动的人勇敢地相拥吧。

时间够了，生活的列车跑够公里数了，对面那个你嘴里嫌弃、心里却离不开的人，就是对的人。

积极主动地拥抱生活，不要在能牵手的年纪里隔城相望，青春只短短几载，过去了永不再来。

05 图什么的爱情分手时不疼

见过没有痛感的和平分手吗？就是大家坐下来友好地谈一谈。

"嗨，白菜先生，我觉得我们是时候分开了，你看，粉条和白菜更配哦。"

"嗯，萝卜小姐，我也注意到小白兔先生对你的追求，比我真诚和用心多啦。"

喝完咖啡，结个账，**大家欢快地击掌，确认彼此的转身，从此以后，江湖上只剩下"萝卜白菜各有所爱"的传说。**

萝卜小姐是"大五"毕业生，她在毕业一年后仍躲在象牙塔的庇护下不想面对社会，租个房继续考研，她男朋友却已经在家人的安排下去英国读研。两人一年未见，失去了彼此陪伴的温馨，就和平分手了。

有人问萝卜小姐："四年的感情付之东流，真的不痛吗？"

萝卜小姐淡淡一笑："说实话，我半个月，整整十五天才会想起白菜先生一次，这个人已经从我的记忆中选择性逃跑了，就像掉了颗八辈子用不着的石牙，掉就掉呗。"

恋爱是要刷存在感的，你一直不刷，那就有一天被涮。白菜先生被涮掉了，好在他也同时涮掉了萝卜小姐。

对方在身边，我一日三餐，没人嘘寒问暖；对方离开，我也是一日三餐，没人嘘寒问暖。那爱情若不能为彼此提供精神支持，还有什么存在的意义。等双方都觉得对方存不存在已经无所谓了，分手就成了一项仪式，双方正式说明，分开的事实早已经形成。这样的失恋，是水到渠成的，一拍两散，不疼。

恋爱，是一定对对方有所图的，或金钱、地位、荣耀，抑或是昂贵的精神世界。

萝卜小姐和白菜先生是大学时代的情侣，他们图的就是精神陪伴，彼此能提供的分量势均力敌。没想到，毕业后俩人天各一方，这种"所图"慢慢也变淡了，分手也并没有多少痛感。

不够坚持的异地恋、不了了之的毕业"黄昏恋"等，这些恋情之所以脆弱，都是因为拿掉恋情的时候痛感比较弱。

可是，不疼的分手少之又少，大多数人分手时都会撕心裂肺、死去活来啊。为什么呢？

大多数"所图"的变淡并不是同时进行的，而是一方还在浓着，一方已经变淡了。**也就是，有人还在图着，有人已经不图了。**

情侣的分手硝烟之所以会弥漫盖过以往的认真相爱，往往是因为是双方所图的失衡。**有一方提前告退，做出了"利己选择"。**两只在一起的美丽孔雀如果闹掰了，一定有另外的孔雀开屏了。谁的屏更漂亮，它就去找谁，被抛弃的那一只，只有撇撇嘴暗自伤神了。

菠菜王子，"高富帅"，对女神好，刚开始俩人都对这种状态特别满意。可是时间久了，女神对奢侈品的欲望越来越高，菠菜的赚钱能力却不见提高。菠菜王子惨遭抛弃，也开始以泪洗面。

青梅竹马的小 A 和小 B 手拉手长大，背靠背恋爱，三岁时就悄悄地私订终身了。直到小 A 上了三本，小 B 上了重点，形形色色的候选人让小 B 目不暇接。小 A 看穿小 B 的痛苦，沉默地退出二人世界。

白领美美和高层陈伟一见钟情，热烈闪婚，琴瑟和谐，只羡鸳鸯不羡仙。忽然高层变成总裁、加了薪，外面的世界多么精彩；白领回归家庭带娃，无暇顾及窗外事。白领美美意识到鸿沟的出现到不可逾越只用了三年，只好将爱低到尘埃里。

爱情的最初，孔雀图对方的美，女神图菠菜的条件，小 B 图小 A 的两小无猜，白领图高层的惺惺相惜。

然而，生活总有出其不意的一天，当时势均力敌的"所图"突然失衡了，跷跷板落下的那一端便痛苦起来。因此你必须接受现实——分手。

这世上所有的爱情，无论你图什么，分起手来都疼，连皮带肉地疼。不过，只有你在疼。

让你难过的是，对方因你能供给的"所图"越来越少，越来越不合他的口味，分手的时候，他不疼。我还在图着你的好时，你已经不图我的好了；我痛苦着，你已经麻木了。

是不是瞬间就理解了为什么在一起的两个人分开后，有人淡淡地说"分开了"，而有人却痛苦地呻吟"失恋"了。

当别人的精神世界已经不需要你的充实了，物质生活也不会因你而拔高了，生理需要更无需你来满足了。别人就做了最利于自己的选择，离开你。

你该振作起来。你该学会变得更好。

就好像青蛙王子如果不变成王子，一直是青蛙的话，似乎很难真正得到公主的芳心。以后，王子如果一直是王子，不能够晋级为国王的话，公主似乎也有一天会嫌弃王子。

你得到了一个人，今天可以给她愉悦的精神世界，她吃一块蛋糕就觉得甜，而明天她想要十块蛋糕了，你却做不出来。那她转身离开，去寻找她的面包师了，这算是"存在即合理"的爱情真相吧。

这样的故事，你见过的一定不会比我少。毕竟人都是自私的，没人想饿着，没人想在天天都能开怀大笑的时候偏偏因为和你确定了关系，而只能半月笑一次。

你要知道，世界这么大，总有下一个人比你更懂得她的笑点、口味和饭量，懂得如何取悦她、迁就她。

虽然你还想继续对她好，但抱歉，你半个月才做得出一块蛋糕啊，想一直拥有爱吃甜食的她，你有苦练过面包术么？没有。

我问你："你想重获旧爱的芳心，为何不能为她的回心转意努力奋斗当一位一流的面包师呢？"

你回答我说："我是要拼搏的，我不做面包了，我改烤羊肉串了，我要把我的事业洒满香喷喷的孜然粉，招下一个气味相投的姑娘来。我要暗中加一把分量恰到好处的辣椒粉，让她永远欲罢不能地吃不够。"

这才是对的。

没有不疼的失恋，也同样没有美好不起来的明天。分手后，你需要认真对待"变得更好"这件事情了。你要学着总结烤焦面包、熏走前任的经验，变通拐弯，再弯道超车，把前任提的标准远远甩在后面。

等攀到他永远都无法企及的高度，勇敢牵下一位的手，过得比他好。

06 你不要图他对你好，你要自己好

经常会听姑娘们说自己嫁了一个特别满意的人，感觉特幸福。问她们为什么特别满意，她们十个中有八个在罗列一通相似的事实后，下一个一致的结论：他真的对我很好。

他对你好，其实就是他对你用心，让你感受到了浓浓的爱意和关怀，让你的安全感落地，幸福指数爆棚。你图他对你的好，跟了他了，然后呢？

岁月这把杀猪刀，摧残的不只是你的美丽容颜，还有你对"对我好"这个词的满意指数。

还记得那个笑话吧，之前他连和你吃顿饭都抢着给你剥虾壳，之后他和你睡个觉都懒得剥你衣服。事实上也就是这样。

我刚谈恋爱那会儿，也被流行歌曲骗得屁颠颠地陷了进去。我经常会被宫先生的一些小举动感动到，情不自禁地发声："你对我真好啊。"

猜宫先生说的啥？"我以后会对你越来越好的……"然后他

拖了个大长音，"结婚之后，肯定越来越不好，所以现在对你好点嘛，毕竟现在时间短，哈哈哈。"

傻子如我以为是个玩笑，还跟着一起哈哈大笑呢。殊不知，这是男人的常识，遇见心仪的姑娘，各种哄骗都上场。后来大家都知道的，甜蜜柔情被岁月揉进时光隧道，被生活掩盖到面目全非，最常见的场景是两个人一个玩游戏一个看电视，或者一个张牙舞爪一个剑拔弩张。

沉默也好争吵也罢，我知道那个人还在这里陪着我，就够了。男人更是这样想的，再也懒得哄我、讨好我、给我惊喜，真的一步步应了那句话："婚后自然是越来越不好。"

虽然，我自始至终那个觉得，两个人由"含在嘴里怕化了，捧在手里怕摔了"的状态冷却到左右手不分的亲人般的平淡，这个过程是可喜的。毕竟，我们还能在一起。

但还有很多不那么幸运的例子呢。身边那些拼了命追来姑娘，没几年腻歪了的不在少数。他们在没把你追到手之前，任凭你蹂躏还赔笑，半夜给你买夜宵也凌晨陪你去看海，可他体内缺个冰箱，新鲜感跟雪一样容易消失。

一旦你倾心于他，平日忘记端好架子，开始刮风下雨对他嘘寒问暖，他就开始犯贱，直到热度慢慢冷却到被你发现，你方才开始懊悔一片真心喂了狗。最让你剜心的，是他转身咧着笑脸又去陪下一任。到那时候你再想回收真心，用来对自己好，也已经伤痕累累，动力不足。

早就有前辈告诉过你，你可以因为钱、因为地位、因为才华、因为性情，甚至因为外表而嫁给一个人，但绝不能仅仅因为他对你好，而认定一个人。因为其他的指数都是外在的，是别人可以衡量的，只有"好"这种东西，他一转身，你的持有股即刻变为零。

虽然我不完全认同这种观点，但我想提醒你，"好"这种东西真的会变质、会过期，不是过来人的危言耸听。

姑娘，年轻是你的底气，青春是你的色彩，你当然应该得到美好的爱情，但请你只用一半心接过他对你的好。腾出一半心来，把自己变好，对自己好。这样，如若不幸对方变心，你还不至于伤心欲绝，无路可退。

你不信，你要说那谁的男朋友对她的好，天地可鉴，从始至终。这种例子我也有。

小贝姑娘，聪明、闪亮、小巧、可爱，被她的男朋友拿下，就因为图男朋友对她好，真是好到无以复加，旁人都羡慕不已。

他们的恋情也持续了很久，一个能付出一个很珍惜。可是三年后，小贝姑娘开始觉得不对。小贝姑娘喜欢唱歌，声音不错，曾经在大学里参加"我最闪亮"歌唱选拔赛，还拿了第一名，同时有很多职业机会向她伸出了橄榄枝。男朋友却说，唱歌并不是一个长久之计，希望她能够端正态度，好好找一份正经工作按部就班地生活。

最初小贝也认可他的态度，可是后来发现一些唱得不如她的人，已经在各大网站甚至唱片界内小有名气了，小贝在心里就开始咯噔了。每当她想重拾歌唱梦的时候，男朋友总是说她不务正业。很出色但多少缺乏主心骨的小贝，开始慢慢地对自己的选择产生了怀疑。

对小贝的很多事情，男朋友总是阻拦的。刚开始小贝没有放在心上，男朋友开始变本加厉。小贝想努力工作争取提拔，男朋友也有话说："小贝，你就安心地做个普通职工，你情商不够，不善于钩心斗角，你往上爬心里会受伤。"最后他还不忘加了一句："我来养你，我会对你好的。"

可你对我的好，怎么能阻止我追求梦想的激情，代替我梦想实现后的成就感。

况且她男朋友在阻拦着小贝往上爬的同时，自己并没有努力成为很出色的人，只是一名普通私企的普通员工，安于现状。

小贝说："我要的是他能够站出最挺拔的姿态，是他最努力的状态，带着我跑。而不是我要起跑时，他伸手拦住我，说到他怀里去，我们一起慢慢散步。"

小贝最终还是离开了他。她说，好是真的，压抑也是真的，和他在一起，她像被关进了笼子里。小贝想看看不虚此行的人生到底有多少种可能，忍痛放弃了他看似无私却藏满心机的"对她好"。

男人对女人的好一般分两种情况：

一种是我爱你，我就想对你好。电视里常见的灰姑娘和"高富帅"就是典型，姑娘们一生中总有那么几年就像突然掉进童话变成公主一样，可是后来电视就剧终了，她们也不知道怎么样了。

一种是我的其他条件略低于你，我要通过对你的好来配得上你。小贝的男朋友就是，生怕美丽优秀的小贝突然麻雀变凤凰，展翅高飞，自己再也跟不上，所以一直通过"我对你好"拽着小贝的后腿，不让小贝起飞。可是，小贝最后选择了离开。

这两种"对你好"，哪种都不好，时间久了，都让人窒息痛苦，远不如你化个明媚的妆，去听一场演唱会，去看个话剧，或是去看个球，大声加油、用力鼓掌来得真实。

听说过这么一句话：要抓住谁的目光，唯有奋力飞翔。

女性是一个越来越值得骄傲的性别了，不必要依附别人生活，也不需要依仗别人对自己好，才获得幸福感。就像王菲的任性，我爱你就同你在一起，不爱了我就唱着歌离开，我管你喜欢不喜欢我呢，反正我不稀罕。

姑娘，请记住：**无论他对你的好是哪种，都不要晕，可以珍惜，但不必太稀罕，你自己好才是王道。

两个陌生人成了情侣，手牵手在人生路上共进退，这场协议也定是一场博弈，谁的跷跷板高了都会失衡。女性是感性动物，更容易投入更深的感情，还请你保持清醒的头脑，热衷于投资自己、完善自己。

我觉得只有一种情况下，他对你好，你可以不加设防地接受，那就是你对自己的爱，始终多于他对你的爱。

你自己好了，他对你的好，才会真正的源源不断。

07 我爱你，所以我想看你的生活

那是很普通的一天，工作、学习逛街之余，你闲下来拨弄手机。你很自然地打开微信找到他，翻看朋友圈有没有更新，然后打开微博，翻看他转发了哪些新闻和段子。

他转发的图片里，有一张写着："爱情，是一种莫名其妙的仰慕。"

你开始想，他为什么会转发这条微博，平时他的微博和微信朋友圈都是关于科技和游戏的，为什么单单蹦出一条爱情箴言？

他是不是爱上什么人了，是不是在暗示什么人，是我么，好像是啊，又好像不是……

整整一天，你根本无暇做其他事，隔十分钟就刷一遍那个人的朋友圈和微博，你甚至还去百度了他的名字、可能会用的昵称。你不是侦探，却比侦探更仔细地搜寻着关于他的一切蛛丝马迹。

恭喜你，你爱上他了，你的心已经向你发出爱上了某个人的信号。你连连摆手："没有啊，怎么可能，我才刚上大学，我才刚刚毕业，我还不想谈对象呢，我还没玩够呢，单身快乐！"

没人让你恋爱，只是你自己都不知道有人不知不觉间已经占据了你的大部分无聊时间。

想一下，你经常下意识地去翻看谁的社交空间，就是他。你翻到他的只言片语会拿来分析，看到他与平时风格不符合的转发就会心神不宁，你怕他不解风情，又怕他突然解了风情，对象却不是你。

当害羞保守的姑娘，心里不自觉地盯上某个人的时候，却表现得比以往更加低调沉默，选择在没有人能看见的角落里疯狂靠近他。最开始是一个月翻一次，后来是一个周翻一次，等你反应过来被某个人吸引住的时候，频率已经是一个小时数次了。

这不是什么窥私欲，这是一句好美的情话："我爱你，所以我想看你的生活。"

以上说的是我刚认识的一个小同事，她某天中午突然出去找人化了妆、盘了发，换上一条淑女裙，挤眉弄眼地和我说："哎，时间不等人，下午约他去吃饭吧。"

她之前用各种理由推掉了身边大姨、大妈好心介绍的对象，只因为暗暗喜欢着那个毕业后同留在青岛工作的男同学。她觉得他对她也是有意思的，不然为何毕业一年多还不去找对象谈恋爱，反而隔三差五约她出去吃饭呢？

她说不管这次他关于爱情的信仰问题是在暗示她还是在暗示

别人，她都得勇敢走出一步去试探了。

她："有女朋友了啊？"

他："没有啊。"

她："看你微博突然发爱情感悟，以为你有了呢！"

他："感悟？有吗？哪条？我怎么不记得了？"

她翻出来给他看，他说："哦，图片里的字啊，没注意啊……哈哈哈，你这什么逻辑，那你前几天转发怎么教养小孩的文章，也说明你有了？"

她很聪明，即刻抓住机会："哎哟，原来你也经常翻看我的微博？"

接着两人默契地相视一笑，当天看完电影，俩人的手就牵到一起了。

原来，之前俩人都持观望态度，俩人都侦探般的把对方在网络上的痕迹翻了七千八百遍。我猜，她男朋友根本就不是没注意，分明是故意发一句话刺激她。

从社交网络出现的那一天起，它就不停地发挥催化剂的关键作用。其实，像我小同事和她男朋友那种小伎俩，谁又不知道呢。

谁还不曾在个性签名、QQ空间、微信朋友圈、微博动态喃喃细语，就为给某个人看，谁还不曾把某个人发过的照片、情绪背烂过呢……

喜欢一个人，第一件事就是翻社交网络。那爱一个人，第一件事恐怕就是去接近对方的手机了吧。

手机比社交网络更加隐蔽和私密一些，要不是至亲至爱的人，一般都懂得自动远离对方的手机，省得不小心撞破啥秘密引麻烦上身。

遇见过因为翻看彼此手机而大动干戈的。轻则大吵一架，赌气绝不再看；重则一拍两散，扬言永不回头。

身边一个朋友相亲没几天，有一次自己手机没电了，将见过几面的男人的手机拿过来，想玩一下游戏，却被义正辞严地拒绝了，还被狠狠地上了一堂隐私课。朋友觉得很冤："我没有想看他短信、微信啊，我们俩还没熟到那程度。再说有那么害怕被看到吗？"

所谓道不同不相为谋，两个人对待手机这件小事上的分歧不小，但越接触越发现分歧越来越多。

其实到底应不应该看不看对方手机这件事，是没有结论的。

虽然，真爱一个人，你的手机我也不会看的，万一有你自己都不好意思看的自拍呢。但是，真爱一个人，我的手机你是可以看的，我里面没有对不起你的东西。

爱是参与，是坦诚，是一种可以拿出来在阳光底下暴晒却永不褪色的珍贵物品。我认为，最美好的恋爱关系其实就是这样子的：**我知道你在爱着我，所以想看我的生活。因为我也在爱着你，所以我的生活对你敞开。所以我看不看那是我的事，你敢不**

敢对我开放才是你的事。

认识一个特低调的男生，他的生活特别简单干净，桌子永远干干净净，衣服永远透着肥皂香味，工作上也才华横溢、出色优秀，但就是不爱发社交圈。

加上他阳光帅气的面孔，让人觉得就是一位不食人间烟火的古代才子，只是远远地站在那里，仿佛永远靠近不得。

突然有一天，却发现他开始刷屏了，发各种朋友圈、微博，晒日常生活，现在的活跃和之前的低调判若两人。同事们都很好奇，但是也不方便问，直到某天他领着一个小巧的姑娘出现在办公室，说晚上请大家伙吃饭，认识一下他女朋友。

我们才知道他在不久前追上了暗恋已久的姑娘，只不过因为工作关系，俩人还得异地恋一年多，为了让女朋友不挂念，他恨不得一日三餐都放到网络上。

问他为什么不分组，他说女朋友还想看他们共同好友的评论和点赞，她喜欢，那就为她敞开大门亮出生活。

我对你开一条缝，你只能伸进一只手来牵住我；我为你打开整扇大门，你就可以挪进整个身子来拥抱我。

08 宝马和爱情，如何兼得

女孩子大概都有一个纠结：是在宝马上哭还是自行车上笑。

我选第三个选项：宝马上笑。因为"如果最终你能给我，那晚一点也没关系，我等"。

我要的才不是什么宝马香车，是你为了我们共有的美好未来而站起来昂扬又挺拔的姿态。你尽管放心在前面跑，不要担心我会掉队，因为我也不会慢。

记得早些年一篇文章流传得很广泛，说的是两个人分手了，男人喝酒打发苦闷，在酒桌上和自己的朋友哭诉女朋友嫌自己穷，离开了。而哭诉的对象刚好和他们两人都熟，是看着他们六七年一起走过来的，知道女孩是什么人，根本不会因为穷而离开他。

最好的反驳就是："你们在一起六七年，你是在最后一年才穷的么？不是的，既然你一直都穷，那她离开你就肯定不是因为穷。"

文章之所以会传播那么久，是因为里面的观点大快人心，再也不要随意指责女孩子物质又虚荣，再也不要随意站在道德制高点上来审判女孩子了。

女孩到底为什么离开，不是本文讨论的范畴，但大抵可以猜测。关于男孩到底要不要给女孩提供物质安全感这件事，我认为太应该了，你爱一个人就要把全世界美好东西的精华都压缩成钻戒，戴在她手上。

你尽管出去闯，尽管去把世界都赚回家，姑娘既然选择和你一起走，你跑起来的时候，自然不会愚钝到什么看不见。你努力向前奋斗，姑娘们也会追随你的步伐跑起来。

但是你很努力很拼命，却还是有诸如运气和时代之类的外在力量不小心拦了你一下。你挣扎着站起来又趴下，趴下又站起来，无限狼狈也无限沮丧，你发现你女朋友非但跑得不慢，还老早就把你甩在后面了。房、车、爱马仕她都能自己给自己了，你好怕她前行的路上遇见比你好、比你富还比你努力的人。

但如果最终你能给我，那晚一点也没关系，我等。

我认识一位才貌双全、走到哪里都自带气质的姑娘，十八岁之后身边就不乏各种"二代"还有"一代"的追求，但她不为所动，毅然嫁给大学时代的恋人。结婚时，他们很清贫，男友也怀才不遇，但她说："不苦啊，外面那些人能给我的，我们也会有啊，晚一点怕什么，两个人一起努力多有乐趣啊。"

她说的是"我们"，后来，"他们"的努力始终捆绑在一起，家庭的稳固变成命运的"开挂"，她老公的事业开始风生水起，她也毫不落后。

两人一点点积累存款，也在五六年后过上了那种"一代"的生活，守着自己打拼的物质财富，她一点也不骄傲，坦荡地说："早就知道会有今天啊。"

姑娘们都懂，不是每个男人刚到社会，都能马上呼风唤雨的，哪里都有比你好、比你富还比你努力的人，那些人只有一个缺点，那就是谁都不是你。

当你事业和前途遭遇挫折时，你只能提供给姑娘淘宝模式的生活，但我一直都相信，只要你还记得，愿意为我的高质量生活去奋斗，两个人的勇气总会战胜一切。我会一直相信你，20岁时相信，30岁时相信，50岁时依然相信。

再讲讲开头那对分手男女的故事的另外一层含义，不知道你注意到了没，就是男人在第六七年，直到分手的时刻，依然很穷。

六七年，是什么概念，是一个孩子从呱呱坠地到背起书包上学的光景，是一个孩子从一个细胞变成了会说话会算数可能还会关心他人的这么长的时间，一个孩子都有了那么大的进步，那么你呢？

在遍地都是机会的时代，你又是男人，在事业上性别已经占据了一定的优势，多花费点体力、脑力，用六七年时间交上首付、买上房再来一辆代步车是完全可能并且必须的。

那时候，你还哭着说女朋友因为穷离开你了，太可笑了。

毕业第一年，你垂头丧气地搂着你女朋友说："对不起，我没钱买车、买房，你跟着我吃苦了。"到了毕业第七年，你还穿着毕业第一年的棉大衣，带女朋友四处找便宜的底角租房，那就是你的不对了。

她能等到第七年才离开你，得有多么执着、认真、傻气！要是我，脾气那么急，早离开了，她反应慢，陪你度过了七个春夏秋冬才看出你的与世无争，是你的福气。

所以，安于现状、自我满足的男性们，来自未来最大的警报器不是你女朋友的虚荣，而是你的懒惰。

我坚持，如果最终你能给我，那晚点没关系，我等。但是，最终你有没有那个能力给我，我内心是知道的。对不起，从我看穿你并无心努力，还在好高骛远的那一刻起，我就会选择离开。

开头那对男女的分手原因，可能就是男孩的状态多年如一，不肯努力，还不知道珍惜。现实中这样的例子有很多。

姑娘觉得男孩总是沉迷游戏，或者其他不良嗜好，一再无视姑娘的建议和要求，姑娘肯定会狠狠心转身离开。当初你给我画"饼"的时候，说以后你会有多好多好，我跟了你会多幸福，能吃香的喝辣的，那么多美好的希望促成了我对你的爱。

如今"饼"成了遥遥无期的梦，梦一再破碎，你浑身上下只剩一颗指责我虚荣拜金的心，和一张随时随地都数落我不够爱你的嘴。当我对你失望至极的时候，离开不是最好的选择吗？我要的不是金山银山和千万存款，我要的是今年比去年好，明年比今年好，年年都给我希望，日日都在我脑海里画一个更新更大的"饼"来代替已经做出来的"饼"。

你不要低估我陪你吃糠喝粥的能力，更不要低估我推算还要吃多久糠、喝多久粥的能力。

如果姑娘们比老公是一场赛事，我能接受你起步慢，但接受不了你被别人套圈。我就想要点同龄的姑娘们都有的、同时毕业的人们都有的东西，为什么你不能让我拥有还反过来说我拜金呢？

我也没说要你独自承担这些任务啊，七年啊，七年我们都没有一起完成这个大部分人们都可以完成的任务，原因是什么？恐怕除了我们不合拍，就是我们不合适吧。

别的毕业租房的情侣们，七年后已经有车有房了，凭什么让我继续跟着你吃苦，凭什么让我和你一起原地踏步？我为什么就不能靠着自己的努力跑到前面去，去遇见比你有天赋还更勤奋努力的男人？

所以，男人，请你清楚，推着我离开的那股力量，来源于你自己。

我能给你最后的爱就是，我离开你以后，请你加油，不要再原地踏步。只是单纯地想请你加油，因为只有努力，你给下一个女孩子画的"饼"才能早日成真。

我也相信，如果最终你能给她，那晚点没关系，她会等。

09 我爱你那么久，凭什么不能问结局

　　一位妹妹说最近真的烦透了，被最好的朋友表白了。我不解，被人表白难道不是开心的事么？该妹妹紧缩眉头，喝着那最好的朋友送来的酸奶说："可是我不喜欢他啊，根本就没感觉，再说我们是好朋友，他这一表白，明摆着以后没法面对啊。"

　　妹妹要愁疯了，哭丧着脸继续说："他给我一周的考虑时间，要我给个答复，你说我怎么说啊？"

　　我还是不解，说："你刚刚不是说了吗，没感觉，不喜欢，怎么还不知道怎么说啊，难不成你想截止日期到了答应他啊？"我一边说着，一边理解了妹妹的意思，她肯定是既不想在一起，又不想失去这个朋友。

　　核心是不想失去一个平白无故对自己特别好的异性好友。她想找到一个两全之策，既能保持单身还能让他不离不弃地陪在她身边，这猴精的小女人算盘珠子打得很响，想必响声已经在她那好朋友心中震好久了吧，他又不傻。一个有目的地付出，一个有目的地装傻。

妹妹抓狂了："你说，他为什么要表白啊？我们做好朋友多好啊，现在这样不是挺好的吗……"这下该我闭嘴了，这不是明摆着的事么。

她那最好的朋友为什么非要表白呢，就这样每半个月一箱酸奶送着，默默地对她好着，多浪漫的事情，像风走了八千里，不问归期。可人家不啊，偏要讨个归期。**换言之，我爱你了那么久，凭什么不能够问一个结局啊？**

我是过来人，当年也是深明各种暧昧试探交往的套路。你情我愿自然最好，可愿望达成一致需要时间。

这世上一见钟情不少，可一见定情的不多，哪对情侣不经过兜兜转转、前进后退各种试探，才最终欢喜地搂在一起说，"哎哟，我喜欢你很久了""哎哟，我也是"。

最怕一些聪明人始终与别人不冷不热地保持着一条手臂的距离，就好像上前一步马上就能搂住你，而实际你进一步她退两步，你冷两天她又朝你走一步，玩起了躲猫猫的游戏。

最可恨的是只要你不说到明面上，她就不给游戏划定期限，巴不得你一直陪她玩下去，玩到她换了几任男朋友，结了婚生了孩子，你才幡然醒悟，你真的就只是她嘴中说的好朋友或者男闺密。那些她朝你放出的电，对你示过的好，都是套路，都是为了保持你贪恋她美色甚至爱情而下的饵料。

以上妹妹的那种纠结难处理的情绪，说白了就是自私！我支持那种敢爱敢恨、爱憎分明的女性恋爱观念，不爱你就不跟你眉来眼去，除了爱人不和任何人搞暧昧，如果一旦暧昧了，那一定是和前任爱人分手了。

光明磊落的试探是没错的，不然，你心里明镜似的不喜欢我，却骗得我跟个傻子一样成天爱慕你。虽说爱情是我一个人的事情与你无关，可是架不住时间久了，这段爱情把我拖老了，耽误我成家立业了，我觉得是时候上前问问你了，能交往否？

其实，这件事换个角度讲，立场就是，**暗恋者到最后一定要表白。**

小时候老师和家长再三叮嘱我们一定要好好学习，将来考个好大学，他们默认的努力周期就是十八年，高考总要给我们的努力一个说法的不是么？

那爱情和人生对我们来说都是同等重要的东西啊，当我们付出了那么多情感和期待后，我就想一个结果，一个无论好坏的结果，这无可厚非吧。

可惜有很多傻姑娘傻小伙抱着一颗炽热的真心一直埋伏在心爱的人周围，以朋友的名义深深爱着一个人，从不敢上前要名分，偶尔越界碰了下对方的肩膀都要被嗔怪很久。

暗恋的人们啊，你们累吗？就不想吃颗甜枣？守着的这棵树始终不结果，就始终不回头看看身后那茂密的整片森林吗？

暗恋一定要有一个期限，倘若你的男神或者女神不给你截止时间，我给你。三年吧，如果你心里最重要的位置被同一个人稳稳占据了三年，那时间一到，请买套新衣服，洗个热水澡，把自己收拾成最完美的样子，去向他或者她，讨个结局吧。

为什么是三年？没有为什么，随口说的。这不重要，重要的是你自己要给自己设定个界限，时间一到，往左走还是往右走，你的情感需要一个出口啊，你未来的孩子需要你出发去找另一半啊，由不得你一直在一个人身上磨叽。

假如你是那个幸运地被爱的那一个，如果开始你不够界限分明，那么到最后你能留给我最大的念想就是将我放开，如果不能爱我，那么就请大胆拒绝我、伤害我，没关系。

我看见该妹妹更新朋友圈了，果然是不着痕迹地劝退："像风走了八千里，不问归期。"

意思不就是这样么："男闺密你能不能别表白，你不该问结局，我们之间这么浪漫美好的事情，你非给加一个期限，太煞风景，你撤吧，我不会亲口告诉你我不爱你。"

两分钟之后，朋友圈发现某男士"神呼应"："像风走了八千里，他是不问归期，可也计算了里程啊。"

这样就对了。

PART 4

别让你的现状拖住你的后腿

鸡毛蒜皮，蒜皮鸡毛

成功失败，失败成功

终于分不清了

一场关于抵抗迷茫的起义

随心所欲

那是成长的代价

谁也不欠，你只欠自己一个幸福的模样

01 从熔炉里走出，美人依旧

很小的时候，我就知道自己是个美人胚子，因为我妈妈时常会盯着我看半天，然后下一个"好美"的结论。我想，我的美大概如旭日东升一般，再必然不过了。

所以我常常对苦难无所畏惧，对新鲜事物一往无前，我总觉得事情不会有多糟糕，大不了，亮出我的美丽底牌。

据说，这张牌可当绿卡使，尤其是对待异性把关的大门畅通无阻。

直到我大学毕业，踏上社会这个大熔炉的时候，我才发现事情并非那么简单，这生活中，永远有人比我要高、要苗条、要唇红齿白。

我爸也在沉默了二十多年后亲口告诉我："你真以为你是大美女啊，放到大街上，如果以一百分论，你最多算七十分。"

学理科的我，理性聪慧，明知道他一语道破天机。可是，在我这二十年多来辛辛苦苦建立的美丽大方的价值观大厦面前，**亲爸的话顶多多算一句醉话。**

我给人力打了足足有半个小时的电话，对方还是没有答应给我开个后门，接纳我的"霸王面"。可是，我太想要这份工作了，它体面舒适，离家又近。如果拿不到他家的offer（录取通知书），虽说我不会哭，但一定会很难过。

我挂上电话低头沉默了一会儿，就义无反顾梳妆打扮出门，准备亮出我的加分项了。人力总监看到我的时候果然眼前一亮，一定是后悔还没见到真人就着急拒绝了。

他十分惊喜地朝我走过来："饭饭对么？你来得正好，你是武大的，一定会阿拉伯语对吧？""对啊，对啊。"我会阿拉伯语不假，但是和我是武大的有什么关系呢，我还会日语和韩语呢，因为我觉得自己声音特别好听，大学里就旁听加自学了这三门语言，精通不算，反正可以交流。

就这样我为他救了急，顺利地翻译了一篇阿拉伯语资料。他当时就拍板定下：周末的面试你可以参加。请注意，只是准了参加面试而已。

不过那有啥，我这么美，通过面试不是必然吗？ 最后，如我所愿，如你所料，我顺利入职了。

这么多年，我身边前赴后继过无数个男生，估计都只是垂涎我的外貌，也没有走进我内心、探索我丰富内心世界的打算，所以我一一拒绝了，只有宫先生是个例外。

他不为我的美色所动，路过我身边的时候目不斜视，甚至都没有看过我专门为他换的连衣裙、化的淡妆。他只是在读我写的文章时，嘴角会上扬一道很美的弧线。

在图书馆和电影院的数次偶遇都没有引起他的注意，我开始怀疑自己的美色了，遂回家问我魔镜一般的妈妈："妈妈，我美不美？"妈妈说：**"当然啦，你明明可以靠脸吃饭，却偏偏要靠才华，妈妈为你骄傲！"**

我对妈妈的话深信不疑。料想宫先生应该是外貌与精神世界的双料爱好者，便不再狐腰媚眼地出现在他面前，而是自顾自地奔跑在自己的人生路上，工作、生活、写作、逛街、唠嗑，和闺密们折腾，我发现自己愈加美丽。

两年后，宫先生主动送上门，我勉为其难再百般刁难后把他收入囊中，最后羞答答地说："就知道你早晚会喜欢我，没人逃得过我的美色。"

宫先生终于忍不住笑喷，继而向我深情款款地表白了：**"我喜欢你，就喜欢你的自以为漂亮！"**

宫先生你瞎啊，你听不见卖油条的、送快递的一口一句"美女"叫我吗？群众的眼睛是雪亮的。你不知道我用我的美貌走了多少捷径。

上次，我擅自给你买的衣服不合身，想退货，人家不退，还不是我挺身而出，秀出盈盈笑脸，甜言蜜语地说服人家退货了。

还有，我考公务员那次，笔试倒数第一，放谁身上不得辗转反侧、夜不能寐，思考我到底行不行啊，能考上么，能翻盘吗？可是我就是笃定能考上，且不说我当过老师、做过主持、口才了得，就单单这亭亭玉立的外形，哪个单位不想收啊？

还有很多的事情、棘手难题，你的美丽夫人以一人挡万事，轻松愉快地处理完毕。而你，只需要在背后一个劲地感慨：**真好，有一个脸皮厚的老婆真好。**

你一定开始相信我，是我爸搞错了，是宫先生开玩笑，我妈的话才是真理，我就是天生的美人胚子，你一定对我在难题和概率面前，靠刷脸取胜的事实深信不疑了。

可是，聪慧如我，怎么可能不知道自己的外表有几分美丽、几分平凡和几分缺陷呢？**虽然我疯狂自恋，但也绝不会盲目自信。**

我只是一名身高162cm、体重55kg、不胖不瘦、不美不丑、独独有点小聪明的普通姑娘，正如我爸所言，大街上一抓一大把。

我相信行走在城市大街上的绝大部分女人，如我一样，姿色平平。但是，我也真的希望，你们能如我一样，自信满满。

敲开人力总监准我面试金口的，并不是我的外貌，而是我寒窗18年换来的知识底蕴和淡定从容，让我有能力抓住眼前稍纵即逝的机会。在公司紧缺阿拉伯语人才的时刻，我刚刚好就能被拎出来翻译，想夸赞自己一句干得漂亮，不过分吧。

俘获高大、帅气、多才的官先生的秘籍，也并不是因为我多漂亮，而是我勤勤恳恳写出来的文章在某一刻打动了他，让他透过外表看到了我那颗热爱生活、热爱一切的纯粹心灵。**成功吸引一位志同道合的爱人，还有比这种魅力更值得冠上"美人"称呼的吗？**

还有很多很多成功完成、圆满解决的事情，无一不是这些年我积极努力的功劳。别人给面子是与人为善的花果，别人肯帮你是面带笑容挣来的，别人夸赞你心灵美是你修炼来的。

外表说得过去，内在又修炼得不差，我想称呼自己为美女，还有人有意见么？

也希望那些失恋的、失业的、失去自我的女人们，能够认同我的美丽观。厚脸皮也好，自认为漂亮也罢，这些从内心深处为我们传递而来的积极暗示，不会给别人带去反感，相反，还会让身边人觉得你身上处处都是正能量，而敬你三分。

"美丽"是个伪命题，对女人来说，尤其如此。再美不过青春十年，年华易去，岁月不回，何以守住我们这一生都在追求的这个词汇呢？

修炼一个强大的内心世界，来供自己洋洋得意。

社会是一座大熔炉，坎坷、磨难、困惑、麻烦，一样都不会少，随便扔一个女孩子进去，过几年拎出来，就有可能变成千疮百孔的家庭主妇，或者平淡无奇的职场人，甚至怨天尤人的吐槽女。

那只是可能而已，我们有更大的力量和更多的机会来和这座大熔炉较量，只要我们充满爱和激情，只要我们仍然相信"心灵美"有它广阔的市场。千锤百炼之后，我们会站成一道最美的风景，迎接尘世生活。

然后，过得潇洒，活得漂亮，爱得坦荡。

那么，你应该也懂了，文中的"我"，并不是客观存在的个体"我"，而是沉睡在你内心深处的"你自己"。唤醒她，她会告诉你，你天生就是一个美人胚子，亮出底牌，勇往直前，上路吧，世事终会尽如你所愿。

02 请尊重平凡的大多数

　　周末带儿子看马戏团表演，那是一场电视直播里看不到的烂演出。没有一流的技术，没有精湛的动作，没有可靠的安全防护措施。只有观众一声接一声的"啊""哎"声，有遗憾也有担心。

　　那个最顶端的小女孩没站稳，那个从飘带高处滑下来的小伙子摔在地面上，就连他们的领队都有一次明显的失误。小姑娘汗流不止地再重来一遍，每一步都揪着观众的心。十个人摆造型的最后一步，所有的表演者都颤颤巍巍坚持着。还好成功了，最后一秒落地，观众席爆发出剧烈的掌声。

　　并没有人因为他们屡次三番的失误而吝啬自己的掌声，更没有人喊退票，仿佛这一场表演惊心动魄般牵动着在场的每个人，热闹而真实。

　　这次表演是某处房地产开发商为吸引潜在客户而举办的马戏团表演。露天的临时棚，不多的演出费，十来个表演者一直处于疲惫状态。刚结束上一个节目，中间插一个小猴子骑单车的时间，就马上换好衣服，进行下一个节目。

他们自己也知道，水平一般，难上大场合、大节目、大电视，只能接一些这样的既费力又赚不了钱的演出。

他们倒了就再站起来，跳不上去就重跳，大汗淋漓，竭尽全力。

不知道有多少观众被这样一场充满了遗憾与失败的演出感动得热泪盈眶。反正身边的妈妈一直在说"不容易啊不容易"，身边的陌生人一次又一次的带头响起掌声。

我们之所以会感动、会理解、会惋惜，**是因为他们就是我们呀，是平凡的大多数。**

任凭我们怎样奋力奔跑，都跑不到人群中的前列。

我想起了自己那悲催的高考。我废寝忘食、奋笔疾书、马不停蹄，做完的试卷一张盖过一张，整理的错题本一本接着一本，考试的成绩一次好过一次。但我还是那个在班里成绩七八名的同学，我感觉自己花尽了所有心思和精力，时间都被榨干到不能再榨，却从来没有考过一次第一名。

我的座右铭写过："我是一个从来不惧怕努力的人。"我身上那与生俱来的不甘愿落后和不服输的劲头，曾经一直鼓舞着少年时代的我。我以为到最后只要是通过努力能得到的东西，我就一定能够得到，可是未必。

高考的时候，我的确考上了，但和心中的清华、北大相去甚远。我是得到果子了，但无奈果子太小，并不能令自己满意。

就像现在我在拼着全身的热情写文章一样，我也得到了，有粉丝、有上市的书。可前面始终有我追不上的人，我会在深夜反省自己到底是天赋不够，还是努力不够，还是运气不到，可能都有吧……

到了第二天，我穿上干净的职业装，走进单位大门，和自己说：**"嗨，早啊，虽然现在你还没跑成第一名，但是仍然要跑啊。"**虽然第一名只有一个，但是身边各种各样奔跑者的身姿都很可爱啊。

思绪回到马戏团表演现场，我抬头环顾左右。观众席中，男的女的、老的少的，戴手表的、穿拖鞋的，正襟危坐的、前趴后仰的……所有都是普通人，占着这个社会的大多数。

此刻，他们是观众，可是看完马戏团表演，各回各家睡一觉，清晨起来，还是得上早班、晚班……

每个人都有自己的职业，都是某个庞大社会工程里的一个不起眼的螺丝钉。随时可能被替代，也完全可以被替代。

谁不想坐拥美女财富，谁不想光凭名字就无人不知无人不晓。再退几步，谁甘愿平凡，甘愿开着普普通通的大众车，混入人流，别人再也看不到自己的背影。

可是，或丑，或笨，或运气不好……多少人终其一生都在为

不平凡而奋斗，然而就是得不到自己想要的结果。

这个世界的二八法则仍然合理并存在着。贫穷、失败、迷茫、无知、痛哭的人仍然占人群中的百分之八十。

路遥的《平凡的世界》畅销多少年，正好说明了过去和如今的年代里，多数人的命运同平凡连在一起。

抗拒过，挣扎过，临近翻身过，可似乎更多人没有实现"咸鱼翻身"的梦想，关于"平凡"的字眼和故事都敏感地牵动着大多数人的神经。

人生最悲哀的事情莫过于无能为力。

我想成为顶尖的马戏团表演者，我想成为成绩佼佼者，可是天分和勤奋总有一项会短缺。有些事情、有些职业，他们的失败和成功很显眼的外化在观众的眼前。比如马戏团表演，比如考试。

你光彩夺目，技术一流，身姿非凡，别人就看得到，你便有机会走出小舞台，走上春晚；你普通平凡，经常出错，胆战心惊，别人也看得到，你龙套跑着跑着就跑到了退休，普通了一辈子。

可有多少人，多少职业，隐藏在城市的车水马龙里，成功还是失败不会引起人的注意，或者连你自己都没有衡量标准。

一个普通职员，一丝不苟地工作，拿平凡的工资，没有机会多么出彩，也不会出什么大差错，这样过也不错了；一个家庭主妇，按部就班地相夫教子，波澜不惊地处理生活琐事，她也想去发光发热，可是分身乏术、力不从心；一个地道农民，日日面朝黄土，夜夜幻想进城，一年365天，一天24小时，他们付出了多少劳动力，依然迈不过城乡差异的鸿沟。

你问他们今天成功了么？今天失败了么？今天过得充实吗？

他们一脸懵懂。什么成功失败、充实与否，我只知道认认真真、勤勤恳恳地做好我的本职工作，就这样普通着，又过去了平凡的一天，仅此而已。

千千万万的人行走在社会，有多少人能在竞争中脱颖而出，创办公司、当上总裁、红成明星、年薪百万呢？

大多数还是捏着不多的工资，谨慎地恋爱、买房、生娃，鸡毛蒜皮、蒜皮鸡毛，成功失败、失败成功，都分不清了。但是你能说他们就没努力过么？他们没有过大的成就，就该自卑么？

非也，我们也努力过，只是不能出类拔萃。

我们身上，也闪烁着勤劳、能干、聪明、智慧、坦然、淡定的光芒。我们依然会遇到一位志同道合的爱人，依然要为了梦想全力以赴，依然会在这个日新月异的地球上快乐而不孤单地生活着。

故事的开场总是美的。小时候，有人问你的理想是什么，你说考上清华、北大，然后当个科学家，当个明星，成为富豪。

故事的结局总是千篇一律的。长大后，我们平凡普通的身影混入城市热闹的街道，再也不会被世界认出来。

可千万砖石终成大厦。

请尊重平凡的大多数。

03 你只管努力，剩下的交给时光

　　我是个"睡神"，无论什么时候一靠到枕头，不用30秒就会睡过去，陪伴过我的很多舍友都羡慕我这功夫。

　　然而，这并不是什么功夫，只是判断我神经状态的一个晴雨表。在历史记录中，只有那么两段时间，我品尝过躺在床上翻来覆去、辗转难眠的滋味。不是高考，不是失恋，而是两次毕业，一次大学毕业，一次研究生毕业。

　　每次站在就要离开校园的门槛上，我总要不知所措。校园外面的生活就像天黑，伸手不见五指，一切都得我们亲自探过身去，睁大眼睛，拼上所有聪明才智，才能看清。

　　那两段时间的点滴，我至今都记忆犹新。我想，人生没有什么其他时刻比毕业更充满悬念了。

　　高考不会，因为之前是寒窗苦读了十二年才会去考试的；结婚不会，因为之前一定是谈足了恋爱才会去结婚的；喜不会，哀不会，因为没有什么事情比脚踏实地、接受现实更让人清醒。

　　但毕业不同，你所担忧、所面临的选择太多了：继续深造还是就业？男、女朋友还在一个城市吗？有公司发offer了吗？签哪家？待遇怎么样？有没有发展空间？未来三五年，你会是什么样子？哪个都是崭新的问题，困扰得你和我再也不能安然入睡。

所以，当读者发来一连串的对于毕业的迷茫和无措，我深感理解，我也是从那个时间段里过来的人。

读者小美说："我和男朋友南辕北辙了。我们都有理想，都有愿望，谁都想鱼和熊掌兼得。他想去深圳闯荡，想带着我，可我想去东北读研，想他能陪着我。"

我回答说："小美，这样的故事实在是太多了。"

未来的可能性更是变幻莫测的。我见过一毕业就分手如今各自安好的，见过异地间拉拉扯扯挨两年又分手痛哭流涕的，见过分头努力三年后会合在一起甜蜜幸福的，也见过一方为另一方妥协而相爱相守的。

每个人的情况不同，每个人的思维不同，我便无从建议。但是，有一点要强调的是，从此走上社会、踏入职场、去赚钱养活自己这件事，是无论爱情存亡，你都要面对的。

无论是分是和，请先记得给自己买一个面包吃，吃饱饭才有力气去更好地爱自己、爱别人。虽然这件事，你得拐几次弯、犯几次错才能摸到门。

有些过程啊，是你必须要经历的，就像毕业；有些痛痒啊，是你必须自己去挠的，就像你嘴里含着个溃疡，别人根本看不到，又怎么能帮到你?

我的舍友米粒，和我一样也是毕业十年了，如今是一位职场大咖。可是，她当年的经历就像是一部励志大戏，把毕业后姑娘身上所有可能发生的事情都经历了一遍。

她和男朋友是在同一个单位就业的，按理说顺风顺水，就等生活细水长流便可幸福一生了。

可她偏偏是个倔强的姑娘。在一次大的失误中，米粒被领导扣掉两个月的工资，之后她便再也不愿在公司里待下去。

因为要离职的事，和男朋友闹得不可开交，最后无奈一拍两散，米粒带着伤痕累累的心与万般无奈的现实逃离了安乐窝。

她曾经在深夜痛哭流涕，我找不到什么安慰她的词，只是一个劲地说，没事没事，会有更好的。

她却从暗夜中亮起头像，说:"我并不只是遗憾错失了那个男人，我是在后悔那些逃过的课、荒废过的时光、错过的努力，我是在痛恨我自己，我明明可以更好。"

她说:"我们年轻，都会犯错，可是，我并不是故意给公司带去失误，而是我能力不够，是我知识储备不够。"

然后，她把头埋进与时光赛跑的隧道里。各种各样的培训和学习，五花八门的作息和进度，生生把一个细皮嫩肉的崭新大学毕业生，历练成底气十足、热情高涨、心气冲天的女白领。嗯，努力总不会有错。她说："我努力了，剩下的交给时光。"

我给跟我留言的读者回复道："我虽不能对你的具体问题感同身受，可是我对毕业那个迷漩带给我们的侵蚀力十分清楚。"

曾经，我们都一样，迷茫又彷徨。但是，我们都是努力又倔强的人，怎么会战胜不了那小小的一嘴溃疡？

起来奋斗，像已经一无所有那样。只有等你有能力站到人生高峰，才看得到溃疡痊愈处，处处是风景。

或许你刚刚毕业、刚刚签约，甚至还没有踏上工作岗位，在入职之前的这段空窗期，你感到空前的迷茫，应该做些什么呢？

或许你已经毕业了，在社会角色的各种转换间累了、乏了，不再有什么昂扬斗志，就想图个安稳安逸和平安，业余时间就那么蹉跎了。

但是，我们还得进步啊，还得一往无前啊。真的不能停，充电和进步是我们的唯一选择。希望今后的某一天，当你一回头，能不后悔地对自己说："哎哟，毕业好多年了。还好，我没有蹉跎。"

04 人为什么要善良

当约稿编辑向我抛出善良这两个字的时候，我第一时间回想起五年前。

我那时候刚回青岛上班，有一次乘公交车，坐在离靠窗的位置上，车到了某站短暂停靠时，窗外忽然伸进一只手，手里握着些五毛、一块的零钱。我一下子就明白了，是乞讨的骗子，想也没想便把头扭至另一边，表示拒绝。余光扫过去，却发现那是一位颤颤巍巍的老妇，我心里微微一颤，但也没有多想。

公交车在这一站停留了好长时间，我下意识地寻找起刚才那个行乞的人，好奇到底有没有人给她钱。却发现她正吃力地趴在路边的垃圾桶上，翻来翻去找了一会儿，找出一个矿泉水瓶子，装到背着的大袋子里。

那是夏天，她的脸黝黑通红，被汗水浸泡的铮亮。她抬手擦了下额头，累得大口大口地喘粗气，我才仔细看了看她，大概得七十多岁的样子。那一瞬，我的心被剜得生疼，觉得她好可怜。

她是一个几乎没有劳动能力的老人了，一定是迫不得已了才去乞讨，乞讨时还不忘记搜寻矿泉水瓶自力更生。

或许她家里还有需要吃饭的孙女，或许她的子女不孝，总之她的心底、她的背后一定是难以启齿的心酸。她一定是鼓起了巨大的勇气才走出的这一步，却遭遇了世间最残酷的冷遇，包括我在内，都以为她是骗子。

我的心陷入了巨大的自责之中。帮她两元钱又怎样，带她坐一路公交又怎样，就算她是骗子又怎样，她要捡多少个瓶子才够挣两元，而我挣两元是多么容易，刚才为何要那么小气呢？

是的，社会上是有专门的乞讨团伙，他们伪装成各种各样的残疾人骗取路人的同情心和钱财，一转身就变回健康人，可是这样心狠的人又有几个呢？

路上的行乞者大多是无奈的，我们这些有工作、有家庭、处在幸福中的普通人，难以体会他们的酸楚和无奈，那就对他们多些同情、援助和帮扶，少些质疑和指责吧。被骗去三块五块，救济一下别人，总好过后悔自己没在别人需要帮助的时候伸出援助之手。

我再也没有在上班路上遇见那位辛苦的婆婆，说明她的确不是什么骗子，只是行乞路过这里。但我在之后的日子里，每当看到路边的落魄人员，我总会想起自己那一天的决绝，特别讨厌那时的自己。

表姐有一次更新的朋友圈特别触动我，她每天都要开车赶很远的路去上班，但是路上遇见背着大编织袋子、穿着破旧的人在等车时，她一定会停下来，询问他们的目的地，看看自己是否合适捎一段路，那样他们就会少遭遇一段天寒地冻或是酷暑炎热。她说，每个人都不容易，举手之劳会给别人一点帮助，何乐而不为呢？

我不知道人到底为什么要善良，**但我知道，如果不善良，心里会不好受，会自责。**

还有一件事，也是发生在公交车上，只不过我是被关注的那一个。

那天，我穿着八厘米的高跟鞋疯狂地追赶回家的最后一班公交车，可是眼看着车就要发动了，我似乎追不上了。这时候，跑在我前面的一位大概一二年级的小学生，在车前门那里停下来，没有第一时间跑上车，他指指我，又和司机说："等等那位阿姨。"

然后我才顺利上车了。上车后，我连声同那个小孩子和司机道谢，感觉自己又被上了一课，被教育了。

我不是第一次赶公交车，但是之前我似乎从未想过去帮帮那些跑在我身后有可能赶不上车的人，我觉得与我无关，反正我自己赶上了就行。

冷漠是善良最大的敌人。有些事，你可以做，也可以不做，不做也没啥错。但做了你可能就会得到别人真诚的感谢。

我们儿时，其实都受过这样的教育：要乐于助人。长大后，我们却因为世俗慢慢把自己装进了套子里，离人群越来越远。

善良应该是成本最低的一种投资吧，只要你愿意就可以参与投资。至于什么时候回报，不要太在意。在你需要别人的时候，你曾经投出过的善良就会从某个地方地方冒出来回报你。

"如果人人都献出一点爱，这世界将变成美好的人间。"这老歌唱得看似好俗，实则多么正能量。**有时候，善良只是要你拒绝冷漠，做个热心的好人，不难吧。**

有人会说你错了，善良是一种品格，没有这么具体。我想了很久，也没改掉以上两个例子，反而想起了更多例子。

某次上班路上，车坏掉了，只有我和领导两个人，自然只能是我下车推，可是我一个弱女子，那时候还没结婚，怎么好意思在大庭广众之下出蛮力推车。我的担心是多余的，很快，我的身边就围上很多帮我出力的人，有提着手包、西装革履的青年，有放下早餐搓两把手就凑上来的农民工，也有放下工具从远处赶过来的清洁工人。

车很快又发动了，我们可以顺利出发了，领导摇下车窗同他们一一道谢。我除了对他们表示十分的感谢，还想到了别的。

还好之前，在这里等车的时候，他们刚抓过油条的手扒开排队的我挤上车的时候，我没有嫌弃他们；还好之前，我没有顺手把擦过手的纸巾和拆开的零食盒子随手扔在地上，给他们带去打扫的困难；还好之前，我没有在等红绿灯时对着某位司机狂摁喇叭，恼怒地回头，不文明地叫嚷，给同样一天劳累工作的他们添堵。

当别人遭遇天灾人祸，倘若我们有能力出一分钱帮助他们走出低谷，那是大善。倘若我们自己也挣扎在温饱线上，物质条件无以拿出手的时候，我们将如何去行善呢？做一个文明得体、尊重别人、乐于助人的人，就是我们往往会忽略掉的小善。

人为什么要善良？

我也不知道，只是觉得应该。**大概善良会给我们带来真正意义上的心安。**

05 突然很想哭，可是只能笑

去隔壁办公室协调事情，对接的是新来的"90后"小姑娘。我进去时她趴在桌子上，听见我喊她，慌乱地记起之前答应过我的事情，手忙脚乱地在桌子上乱翻，一边说："不好意思我忘了，真不好意思。"一边使劲地垂着眼睛，不看我。

其实，推门的一瞬我已经看到了她眼角晶莹的泪光，显然是有什么不开心的事情已经影响到她，不能安心工作了。

我转而走到她的背面，假装欣赏她养在窗台的花，岔开话题："没事，慢慢找，不着急。哎哟，你这什么植物啊，养得不错。"

小姑娘认真地和我讲解植物，从哪里买的，怎样用心呵护，然后很快找到了文件，递给了我。我还是没有看她，接过文件说了声谢谢，然后指着植物说："养得真好，隔天我也买一盆。"就客套地出门了，眼睛的余光瞥到她对我灿烂地笑了。大概刚才特别难过的心情，已经因为我——她的同事的闯入而生生地压了回去吧。

这样的一出故事，并不陌生，那种"突然很想哭，可是只能

笑"的感觉似曾相识。

从校园走进社会的头两年，我常常会被措手不及的工作或者情感突发事件揉搓得痛苦不堪，明明受了委屈好想大哭一场，有时候忍不住红了眼眶，却怕被别人撞见会特别尴尬。

可是成长的代价就是不动声色啊。

不去看她，不去关切地问她怎么了，也许是最好的反应。

小时候特别渴望长大，长大了就成了无所不能、随心所欲的自由人了，想买什么玩具就买什么玩具，想吃什么美食就能吃上一大盘。长大后又特别羡慕小孩子，那些曾经心心念念的玩具都已经没有兴趣了，想暴饮暴食的美味也已经因为健康而有所禁忌了。

最难过的莫过于，我们以为的随心所欲，越长大越遥远。

以前，单纯懵懂的我们嘲笑课本里那个套在套子里的人，后来才知道，想要很好的游刃在社会里，自己给自己套上的套子竟越来越大。

刚毕业时老同学打个电话热热闹闹的，吐槽、吵架、逗乐，后来在职场上受过伤又伤过人之后，给自己的嘴巴封上了一层又一层胶带，100个字的语言经过层层过滤就变成了一个"嗯"字。

人越来越老，交流越来越少，岁月越来越平淡。同多年老友的问候也变成了"你最近好吗""还行，挺好的，你呢"。

再也没有人和自己滔滔不绝地倾诉"你看我领导的头发掉光了，好猥琐""我隔壁格子间的女郎今天穿得好妖娆""我和那个男朋友要不要分手"……

所有的情绪都掩盖在一句"我还行"的假装之下。

这样的岁月静好，是我们想要的吗？**这样的岁月静好，是我们压抑了多少情绪，吞咽过多少痛苦，流放过多少无助，才换来的。**

某天深夜，看电影回家，在小区广场上见过一个熟人，一圈又一圈地走，年龄不大，不像是在锻炼身体。第二天又遇见便聊了起来，他笑笑说："最近压力太大，就走走。"笑容还在脸上，对人还是很随和，脸上看不出来他的压力大。究竟是不是压力大，我们不得而知。

《七月与安生》里男主身为七月的男朋友却多年爱着安生，没法排解的时候，也是选择在深夜无人的空旷操场上一圈接一圈地跑。安生说："可以不用再跑了。"男主选择了继续跑下去，也就是选择了七月，泪水瞬间模糊掉多少观众的视线。

很多时候，我们面对着不得不面对的困难和成长，或硬着头皮往上冲，或是事与愿违地向前走，都是我们自己内心的挣扎与无奈。**当天亮之后，我们还得洗刷，又光鲜亮丽、笑靥如花地出现在外人面前。**

这只是成长的必经之路。所以，我希望你能哭出来，离开"突然很想哭，可是只能笑"的环境一段时间，找一个可以坦然释放情绪的出口，坐下来同自己聊聊。

能有机会把话讲出来，把泪流出来，才能笑得更灿烂。我希望所有人能够在碎片时间多读读文章，读读别人的生活见解，可能有时候别人笔下的故事就是你情绪的出口。别人甜着，你有回忆可以共鸣；别人苦着，你有现状可以感激；别人哭了，你也可以跟着流一会泪。

但凡能说出来的故事，就不是过不去的坎；但凡能哭出来的泪，之后一定带着更灿烂的笑。

十二姐说过："**愿所有假装很好、内心有痛的人们能够流泪并改变。**"

06 这世上最该逃离一次的是女人

有一部作品叫《逃离》。

小镇上的姑娘们过着简单自然的生活，枫树、野菊花、落雨的午后是我们熟悉的样子，这些风景中不同姑娘的经历也是我们每一个人都在经历的，随时能够真切感知的。

八个不同的故事皆在讲述女性的逃离，那种逃离讲的是女性对悲痛生活的无奈，是一种自以为是的放弃，是一种无力的、虚幻的、绝望的抗争。

她们是悲剧的，她们的故事是这个世界上的任何人都不想看到的。因为无论男人、女人、老人、小孩，无人不是在女人的照料扶持中成长、走向幸福的。所有人都希望身边的女人，再温婉一些，再美好一些。

可是，小说中的女人都在逃，拼命地逃，逃离家庭、逃离两性，甚至是逃离自我……可悲的是，她们搞错了动机，搞反了方向，搞错了频率。

女人的确应该来一次逃离，但绝不是小说中那种无可奈何的投降，而应该是一场充满智慧、勇气与力量的重生。

　　办公室里有一个男同事，平时里温文尔雅、从不参与八卦，某一天突然站在我们爱聊八卦的女人堆里不肯走，逮着机会就插嘴问："男人是不是都笨手笨脚啊？""女人是不是都爱唠叨啊？""伺候孩子吃喝拉撒这些事怎么这么难啊？"……

　　我们说："你今天怎么了？怎么问东问西、婆婆妈妈的？"

　　他说："我老婆来例假了，念叨个不停，我本想表现一下给孩子洗个澡，让她也放松下，结果她叉着腰站卫生间门口当监工，害得我一紧张，孩子倒在洗澡盆里，喝了几口洗澡水，老婆更抓狂了……"

　　男同事说着说着，皱眉摇头叹气，自己是本想帮老婆分担一些，但是他老婆就是不放心，不是监工就是指挥，搞得两个人都不开心，事情也做不好。他都要崩溃了，不得已向办公室的女性们求助。

　　我们都笑了，这种事不好评价，谁都不愿意说实话，只是打趣："你真是被惯坏了，动手洗个澡都能淹着自家孩子，孩子是你亲生的吗？""你老婆你真是傻，连偷懒放松都学不会吗？"……

　　而事实上，女人皆如此，喜欢亲力亲为，事必躬亲。久而久之，不知不觉就养成一个下意识的习惯，孩子的吃喝拉撒是我的，全家的衣食住行是我的，亲戚的你来我往是我的，全都是我的，这就是女人单纯的英雄主义。

而男人呢，跷着二郎腿，看着电视，抽着烟，玩着手机，满意地看着这一切，偶尔看不下去，上前帮你一把，还雷声大雨点小，好像恩赐一样，明明活都干不利索，还埋怨你不放心他。

其实，解决方案很简单，就差在对"逃离"二字的理解上。你就彻彻底底、认认真真地逃离一回。

你就倒在沙发上看电视、敷面膜，等男人乖乖地做好家务，送一个干干净净的宝宝过来。至于男人和孩子斗智斗勇那惊天动地的动静呢，充耳不闻、视而不见就行了。

你没有懒过，就不懂懒的爽；你没有被替代过，就不懂"去他的英雄，我才不要当英雄，我要当公主，当女王"的惬意。

做家庭主妇太久，就会想不太开，会盲目地把男人架在"反正你也不会，不如放着我来"的舒服位子上，自己却越累越忙，越忙越牢骚，越牢骚越冤，越冤越不平，越不平越想逃。

《逃离》里的主人公就是这样，她们都充满一种看起来莫名其妙，而实际上每个女人都懂的伤痛，她们做太多事，却不清楚自己的价值，似乎唯一的办法就是掀翻目前桌子上并不美味的饭菜，打乱当下生活中并不如意的一切，不顾一切地逃离出去，不再回来才好呢！

然而，"不想再回来"就是她们的死胡同，也是我们应该引以为鉴的那面镜子。我是支持你逃的，但我不希望你逃错了。

我希望你穿得光鲜亮丽、笑得阳光灿烂、逃得理直气壮，然后带着豁然开朗的智慧更加游刃有余地带领你的家庭进军幸福、和美。

女人要逃离的并不是已经支离破碎的生活，也不是根本做不完的无底洞家庭事务，那是你赖以生存的根基，做好它们、照应好一个家是你的责任和义务。你应该逃离的是自己强加给自己的"完美主义"，把责任和义务的金箍松一松。三分给老公，两分给孩子，自己占够五分，掌握家庭大权就可以了。

女人天生就是世上最美的尤物，既能任劳任怨地赚钱养家，又能自觉自愿地照顾孩子，还不能忘了保养自己争取做到貌美如花。

没有哪个女人甘愿给这么崇高而完美的评价拖后腿。于是，她们争先恐后不停地修炼自己，把自己变得越来越完美，同时也越来越缺少自由和时间。这就是女人的完美主义。

但同样也是她们，穿着好美的衣服却没空同闺密坐下来喝杯咖啡，拿着不菲的工资却一再挤压做全身按摩的次数，行李箱都买好了就是找不到合适的时间和理由去这么大的世界看看。

没办法，女人的心底埋伏最多的永远是挂念。内心深处越攒越多放不下的人和不放心的事，从而一步步把自己逼成了世界上最强大的物种，并且养成速度之快让其他物种都叹为观止。

可是，断臂的维纳斯为什么美？恰恰因为缺憾，因为缺憾才是真实的、接地气的。

任凭女人再怎么仔细认真、面面俱到，却总有你手伸不到的地方。面对种种无能为力的活，你就注定每件事情只能做到八分。

所以，当下，你有一个更方便的选择：把大小情人交给一众家用电器，自己和闺密团来一场说走就走的"离家出走"。逃离完美主义，逃离事必躬亲，给家庭的其他成员一个感同身受的机会。

你会发现，出发前，收获的是大小情人挤眉弄眼的一阵狂欢，他们以为没有你的约束和管教，日子该是多么惬意。归来之后，应该是意料之中，家里一团糟，两人翘首盼着你呢。

接下来就是你理论联系实际，动之以情、晓之以理的全家总动员的时刻，他们会非常积极配合地参与到你的调配指挥中，不仅会把之前一片狼藉的家变得焕然一新，而且会巩固你说一不二的家庭地位。

女人你要知道，不离开一次，男人永远也不知道你的重要性；不离开一次，男人心里永远不会有感激。女人们短暂的离开，就给自己吃一剂缓冲剂，松一下绷紧的弦，一天假、一次远游、适时的撒娇示弱、时不时请求男人的帮助，把男人一点一点地拉到居家男人的轨道上，这才应该是你最终的大计谋。

而男人们则需要利用你的故意出逃来面壁反省，我是不是应该对家庭投入更多的精力了？我是不是应该更呵护、疼爱一下老婆了？

是的，应该。

当亲力亲为的事情变成你和男人的分工合作，所谓男女搭配干活不累，你会发所有的难题解决起来会比以前更加得心应手。

《逃离》里说："她们的生活细节，世上女人天天都在经历。细节背后的情绪，无数女人一生都不曾留意。"

女人，意味着温暖、性感、博大和宽容，她们的万种柔情可拿下骏马上的将军，可抵挡众人口中的诋毁，可扛起一个家族的命运。她们，理应幸福、幸运地行走在人间，而不应该被无数个方向涌入的各种琐碎淹没了生活的勇气。

希望你尽早留意自己被琐碎生活碾压得已经不平衡的情绪，逃离一次，调整心态，给幸福和快乐再加一道砝码。

因为，**对女人来说，真正意义的逃离，一定是为了更好的回归，一定是为了更加和谐的家庭幸福。**

07 真正值得你取悦的人，只有你自己

我忽然发现这几年同闺密们的聚会越来越少了，聚会条件也都挺苛刻的，只能在周末白天，不能在晚上，只能在离家车程半小时以内的地方，不要搞什么郊游，这种条件下每次八个人能聚齐五个就很不容易了，各有各的家，一人一个孩子，时间不好凑。

前天，刚给孩子过完百日的一位妈妈在群里呼吁："都出来聚，我要出关了，一个都不能少。"

按惯例，先冒出来的总是请假的："哎呀，孩子没人看。""哎呀，老公刚出差回来。""哎呀，要加班。"……

沉默不吭声的一般是可去可不去的女人，躲在暗处观察形势，看人家都积极那就去呗，人家都有事那就也有事。

可是这次组织人不同意了，把一个个请假的都给驳回了："不行，这一次我们出去玩一整天，午饭、晚饭我请，中间逛街啥的各买各的，总之，一个都不能少。"

女人们一看两顿免费的大餐，动摇了不少，有几个开始表示

能请假了，组织人接着给大家洗脑："瞧瞧，你们一个个贤惠的女人样，离了家你们就转不动了吗？我生了孩子整整一百天没出门了，快憋出病来了，你们可真够能憋的，一憋就是几年。我说妮妮，你大儿子四岁，小女儿一岁多了吧，你做了这些年的好妈妈，还请不了一天假？"

妮妮接着就出来跟上了，满腔酸水："可不是嘛，我这伺候这个伺候那个，我容易吗？"

后面大家都开始吐槽了，最后每个人讲出的话的主题统统指向了："我怎么就没了自我呢？"

不就一天假吗，不就想什么也不管不问地疯玩一天吗，不就想重拾一天自由吗？"去""我去""我也去"。

那一天，从孩子百日出关的组织者玩得最尽兴，花了一个月的工资也在所不惜，她高兴呀。其他女人们被压抑着的心也被撩拨得特别疯狂，那天我们的朋友圈都炸了，花式晒，我们的嗓子都哑了，花式唱歌、吐槽、吼叫，我们的情绪都宣泄到顶点了，找到了久违的痛快。

那天深夜，群里还在聊，最后组织者一句话让很多人沉默了，她说：

"我怎么那么心疼咱们这群女人呢，感觉咱们生来就欠了一堆债，欠父母一个好婚姻，欠丈夫一个好老婆，欠孩子一个好妈妈，女人生来就是来还债的吧。"

看到这句话我捧着手机就落泪了，戳中了心窝。

有时候自己会默默一个人纠结，为何再也找不到上学时的心态，简单地为了自己的喜怒哀乐而行事，为何越长大越沉重，感觉心里和肩上不知不觉地压上了那么多担子呢？

从前不会讲话现在要学着圆滑，从前不会做饭现在要学会煎炸蒸煮，从前那么热爱自由、咖啡和读书，现在全成了洗衣、做饭、换尿布……

群里有女人出来讲话，前天还和老公吵架了，没什么大事，就是老公叫了一群好友来家吃饭，两个人在厨房里忙活时起了争执，等友人散去，战争就爆发了。本来没什么大事，男人是做律师的，从做饭慢上升到没面子，从招待不周上升到不贤惠，女人口拙，除了坐在那里喘着粗气生闷气，一时半会找不到什么词来反击。

女人很冤，我那么美那么好，凭什么要接受你的挑剔，凭什么为你的面子而让自己受委屈，她越想越累，越想越气，眼泪就开始哗哗地流。

作为一个同样被戳中的人，她第一个站出来表态："姐妹们，以后要常做撒手一族，反正你做了也出错，不做也出错，那为什么还要做？"

好好的一个人，是"女人"这个头衔把我们整得这么累吗？

不是的，是我们自己给自己套的紧箍咒，是想取悦的人太多，是想做好的事情太多，对自己的要求太完美、太苛刻。

从一个傲娇公主到一个全能主妇，这种转变是我们自己强加给自己的，请接受自己的不完美，请不要想着事事都必须处理得十分圆满，时间和精力是守恒的，当你把这些都花在了别人身上，能分给自己的爱就少了啊。

我不希望你一再压缩爱自己的空间，只去做别人眼里的好女人。

女人，总有一天，你受过伤，流过泪，出过血，狠狠疼过，才懂得这世上值得你去认真取悦的人只有你自己！

总觉得好多女人的生活观急需重塑，好在，爱自己的女人队伍越来越壮大了。

我妈经常让我和邻居香姐学习，说人家断了奶就进了健身房，如今身材恢复得似乎比生孩子前还要好，走在街上仍然很惹人注目，一点看不出生过孩子，时不时有陌生人上前索要电话，够自己回家和老公嘚瑟一阵子的。

香姐的精神状态也特别好，每次见她都是白里透红、红光满面的，总是很开心地和我打招呼，"妹妹，下班啦""妹妹，出去玩啊"，一声声"妹妹"叫得特别亲切，让人觉得很美好，她一定是个特别热爱生活的人。

一次我带孩子出门散步时碰到她，她穿着运动服和她孩子一起在院子里旁若无人地做运动，丝毫不在乎别人怎么看她，她招呼我说："妹妹一起做啊。"

起初我不太好意思，觉得人来人往的都是目光，她看穿了我，说："哎呀，你管那么多干什么，练好身材才是自己的啊，快来快来。"

那一天，我运动得很开心，儿子围着我，跟着音乐喊："妈妈，go，go，go。"久违的身心舒展，让我接下来的当晚心情特别舒畅，后来，我脑海里就不停地回响香姐的价值观和生活观。

只要是你觉得舒心的，让你自己开怀的，那就去做啊。

你不要去想耽误了家务怎么办，老公的衬衣还没熨该如何，路人的眼光怎么看，你顾及了那么多其他的，那谁又会顾及你的身材好坏，身心快乐不快乐呢？

你那么美丽，不是为了只在世俗传说中的爱情，做一只依人的小鸟；你那么努力，不是只为了生个孩子、做个母亲相夫教子就完了。

你要对自己好，把自己活成自己最想要的样子，爱与被爱，尊重与敬仰都会随之而来，就算不来，你还有自己美好的未来，不是么？

女人是世上最美好的生物，你不是来还债的，你谁也不欠，不欠男人一个贤妻，不欠孩子一个好妈妈，不欠路人一个淑女。

　　非要说欠的话，你就只欠你自己一个幸福的模样，记得花点时间补给自己。

PART 5

不要逃避为管你的人付出爱

你说，世界是一首我写的诗

让我慢慢地把远方念给你听

为什么要听妈妈的话

长大后

你才会开始明白

01 在父亲背上撒欢的姑娘

我曾经在一个下雨天，心疼过一个陌生的姑娘。她的男朋友怒气冲冲地站在对面，噼里啪啦发了一通脾气，脸上暴起的青筋把对面的她吓得一缩一缩地不敢说话。

男人越说越气，突然疯了一般把手上拎着的各种购物袋朝地面狠狠摔去，还上前踢了一脚，大骂着离去。

再看姑娘，已经被滂沱大雨湿透，来来往往的路人都在看她，她紧追着男人小跑了几步，伸手却没能够到男人，又委屈地回头看了看还在继续被雨水打湿的新衣服、新鞋子，愣愣地站在那不动了。

我就是在那一刻路过她身边的。那一瞬间，千万种想法奔腾过我的脑海：快过去帮她捡起来，再请她喝杯咖啡，探讨一下爱情观；或者过去帮忙痛快地再踢几脚购物袋，骂几声臭男人，滚得远远的；再或者好言相劝几句，谁的爱情不坎坷，忍一忍就过去了，换个人就过去了。

但是，那只是想法，只是在我脑海里愤慨地闪了一下。

事实是，作为一个陌生人我什么都不会去做。我能做的只是目不斜视、视而不见、充耳不闻地路过，就像窘迫的她没有被男朋友扔下一样，无视才是最好的尊重。

但我的心却无论如何不能平静了，我真的好心疼那个陌生的姑娘，心疼同那个姑娘一样被爱情、被男人、被各种事情折磨得死去活来的姑娘。

曾几何时，十七八、二十几岁的姑娘特别容易被爱情迷醉，三观找不到正确的坐标，情绪找不到合适的表达，只剩一副可怜巴巴的皮囊，仿佛在朝自己爱的男人申诉：**我这么好，你为什么这样对我？**

你这么好，你为什么要这样对自己？

从什么时候开始你把一切喜怒哀乐都转移到一个男人身上，又从什么时候开始你不自觉地接受了一个男人的轻视。

还是在那条下着雨的街道，我又看到了一位在父亲背上撒欢的小姑娘。爸爸弯着腰开心地背着自己的"小棉袄"，在前面笑成一朵花，不断地讲着笑话给女儿听，女儿在父亲的背上更是开心得不行了，手舞足蹈，爸爸宽厚的双手已经快要控制不住她。

你一定也在路上、在陌生的地方，见过这样的画面，多美啊，美好得让我们这些在社会上的爱情里摸爬滚打过好多年的女人热泪盈眶。

是啊，**我们都曾是在父亲背上撒欢的姑娘。**

我们理应带着那时候灿烂的笑容面对现在一切纷繁复杂的事情，我们要始终带着一颗被爱的初心温暖前行。

长大后，我们从父亲的背上跳下来，去接触各种各种的人，体验酸甜苦辣、五味杂陈，有时候会特别伤心。想不到自己辛苦努力了半天的成绩被别人抢了去，好郁闷，我们深夜跑到酒吧去买醉，想把工作上的烦恼一扫而过；想不到昨天还体贴温暖的男友今天就在大街上离你而去，好心寒。我们站在来来往往的陌生人流里，默默垂泪，不知所措。

我们的生活从此有了多种滋味，一个个仿佛过也过不去的坎统统摆到了面前。辞职么？不能；分手么？太轻易。

越长大越孤单，我们越来越少开心和撒娇。

我自己，我身边的很多姑娘，也都曾沉浸在这样那样的难题里难过，一筹莫展、絮絮叨叨，一件件不如意的事情慢慢划过去，我们便也慢慢老了。

似乎，没有谁能接受一个老女人再去撒欢了。我们也再也体会不到在父亲面前撒娇的无忧无虑了。

二十几年的时光，我们都是被一个男人用"含在嘴里怕化了，捧在手里怕摔了"那样深沉的爱抚育大的，又为何要承受一个刚认识一两年的男人对你尊严的践踏？

你的心不疼么？即使你过几天就原谅了他，但能想象你父亲的心情么，他的心不疼么？他会疼的，比当时难堪的你要疼万万倍。

我想，一个父亲最难过的事情莫过于此了，自己的珍宝到别人手里成了可有可无的物件。

泪洒婚礼现场的，永远都是新娘的父亲。他不完全是喜悦的眼泪，可能更多的是不放心，自家女儿到了别人家手里，会不会得到与自家同样无私的爱和关心？当然不能，所以他哭了。

我生宝宝时，月嫂给我催奶，疼得我死去活来，感觉比生孩子更疼，在病房里喊得哭天抢地的，后来月嫂说："你别喊了，把你爸都喊跑了，听不下去了。"

是的，我疼，我爸爸更疼。本来倚在门边等着，后来下楼买东西去了，真是听不下去了。那时候，我才真正明白，作为一个拥有深厚父爱的姑娘，真的需要好好地爱自己。

我有一个同学，结婚后不到一年离婚了，理由就是她见不得无理取闹的老公每次吵完架追到她父母家里撒泼发横的样子，每次，父亲眼里深深的疼和隐忍的愤怒都让她窒息般痛苦。她说老公好的时候可好了，但是撒泼对父亲的刺痛太频繁了，频繁到她已经不能承受，必须离开了。她说怪自己有眼无珠，谈恋爱的时候，常常催促自己去买衣服、护肤品的都是父亲，反而男朋友会对此斤斤计较。

可能别人会觉得，没什么大事，大可不必闹离婚。可她却说："我不只是我自己的，我也是我父亲的命啊。"她是被父亲一个人带大的，所以，父亲将所有的爱都倾注在了她身上。

难以想象父亲亲眼看着自己的至爱被其他男人欺压是一种怎样的心痛，为了女儿的婚姻幸福，他心如刀割也要选择沉默。

同学说，不后悔离婚，以后会有更好的，天涯何处无芳草呢。

虽然我觉得不到万不得已不能走这一步，婚姻不是儿戏，但我觉得同学的观点是极对的。我们哪一个都不是普通的女人，我们都是父亲一生都深爱着的宝贝。五六岁的时候是，十五六岁的时候也是，三十五六岁的时候依然是，一直都是，永远都是。

父亲宽阔的脊背永远是我们的靠山。

男人离你而去，你可以哭，可以闹，但是希望哭完闹完就能够看得更清楚一些、成熟一些。然后，沉睡一觉，懂得要更爱自己多一些。

不要再去计较，我这么好，你为什么不爱我；我哪里错了，你为什么甩手离开……

要永远都像还在父亲背上一样兴高采烈地生活，失业失恋都不要怕。你那么好，值得有更好的未来；你那么棒，无须受别人的轻视。

你今天想要做什么决定，就想象一下，等有一天你有了女儿，你会不会支持她这样做。如果你不想看到她为不靠谱的男人深夜不归家，不想看到她被男人当众甩下、默默垂泪，不想看到她卑微地去取悦男人。

那么此刻，你也不要那么做。

男人要走，走呗，不送。下一站，有更好的男人，会像父亲一样伟岸。

02 当你决定实现别人的梦想

入职事业单位以后，听说单位里有一位复旦的高材生姑娘，不但人长得漂亮，性格也随和，还写得一手好文章。很多人在和她初识的时候，都不约而同地感叹："这么好的学历，这么好的能力，为何要屈居二线城市做一名小公务员呢？"

她都会笑笑说："很好啊，工作稳定，离家又近，对女孩子来说，很不错的了。"

我们被分到了同一个部门，午饭经常凑到一起吃，我和她越来越熟悉了，才知晓最初的最初，回老家做公务员并不是她的第一选择。她毕业那年，刚好是经济危机的第一年，很多同学都很难签到自己满意的工作，可以说毕业气氛各种恐慌吧。

她那在县城当教师的父母更是担忧到不行了，瞒着她托人四处打探年代不好的时候毕业，找什么样的工作才好。她父母周边几位德高望重、颇有见识的人都说女孩子嘛首选公务员啊，铁饭碗啊，哦不，在经济危机那年就是金饭碗。

我问她："所以，你就真从了？所以我们就成了同事了？"

她温柔地笑笑："父母总不会是害我的吧，听他们的总不会有错。"

这让我一度认为这又是一个过度听从父母意见的女孩子，读过名牌大学又怎样，照样没把自己出落成一个有主见、有思想的姑娘。我以为名校的背景以及其他各项条件都很不错的她，应该在大城市打拼一片属于自己的天地，就算是从了父母选择了小城市的金饭碗，那也应该在谈起选择时，侃侃而谈，见解和思想都应该让人叹服才对。

终于，有一次我们年会庆祝时，她喝了两杯红酒，指着台上正在主持晚会的另一位女同事对我说："饭饭，你知道吗，我有一个梦想，就是当一名主持人。"

我当时就吃惊得不行，她是复旦新闻专业的我知道，但是并不知道她还有一个播音主持的二学位。我才知道，她读书时候已经在学校主持过大大小小的晚会，成为复旦小有名气、人人艳羡的姑娘了。

毕业实习的时候，她沿着这一梦想穿梭在各大卫视当各种助理，扛过录像机，跑过热点新闻，给嘉宾买过饭，最后终于在一个还算出名的卫视争得一岗位，毕业就可以入职。只不过，暂时还不能登台做一名主持人，刚刚大学毕业的她觉得自己已经很了不起了，信心满满地等待着实现自己的梦想。她非常激动，觉得自己半只脚已经踏上主持的舞台了，差的就只是努力的争取和机会的垂青。

　　但是，这份她自认为异常光鲜的工作，却引起了父母的极大阻拦，他们的理由戳中要害。他们说，你签的只是打杂工作，而不是真的已经是主持人了。你的未来有可能很快就发光发热，成名，被观众所喜爱，但更大的可能是一辈子就是个助理，登不上舞台，也得不到赏识。你自认为漂亮，可是漂亮的人多了去了，漂亮又有才的人在电视台也是绝对不缺的……

　　她的父母想来想去，觉得这份娱乐圈的工作着实不靠谱，说不定十年以后，他们的闺女还在龙套中孤身一人，都还嫁不出去。所以极力反对他们的闺女拿青春去试梦想，他们说："如果主持人已经是你的一份工作，我们全力支持。但如果只是未来的一种可能，我们劝你再想想。"

　　同事讲到这里，苦笑了一下说："我是有一个梦想不假，但是，我爸妈也有一个梦想，就是希望我能成为一名公务员或者老师，有每月按时发放、不拖欠的工资让他们宽心。"

　　后来的故事，大家就都了解了，她还是选择先实现了父母的愿望。在很多人的眼里，她已经很适应公务员这种温水煮蛙般的日子，总会慢慢地遗忘曾经不切实际的梦想，就像到了第二天，她依旧笑容温和地出现在办公楼，仿佛丝毫不曾记得她朝我吐露过自己为了父母的心愿放弃了自己的梦想。

　　这样温顺乖巧的女孩子其实是有些让人心疼的，明明才华横溢却无处施展，反而平平淡淡地努力在不起眼的岗位上。

　　一开始我觉得网络上的鸡汤那么多，随便喝点，也应该学到像"家长未完成的心愿不该顺延给孩子""自己的人生就是自己的，即使是父母的意见也只是意见而已""人生短短几十年，万不可委屈了自己"这些大道理，可是她没学到，我心里多少有些惋惜。

　　这让我想起了和她对比鲜明的同乡小志。小志在我们村从小就机灵活泼，学习好，嘴巴巧，在各种考试里一路第一，最后大学考到了北京。虽然期间各种任性，但好歹也一直是父母的骄傲。

　　毕业后理所当然地留在了北京打拼，搞IT的他颇有天分，每隔三两个月都会传来他又被猎头高薪挖走的新闻。在家乡，他成了孩子们学习的榜样。

　　跳了几次槽以后，他觉得该学的、该积累的都差不多够了，就决定自立门户成立公司。支持惯了的父母双手赞成，老手颤巍着递上皱巴的存折，说："儿子去吧，我们为了你的梦想全力以赴。"小志就全身心投入到创业的折腾中，一晃五年就过去了，小志的年龄进入到三打头的阶段了。

　　我听爸妈说，小志的父母是一夜之间白头的。

　　头一天他们还笑容满面地参加了一个与小志同龄的村里孩子

的婚礼，第二天一早，两位老人就明显脱了相，白了头。

没人知道在邻居家喜气洋洋地举办婚礼时，他们强装笑颜的内心有多么煎熬，也没人知道那天他们回家后老两口整整商量了一个晚上，该怎么和小志说先把手头的活放一放，去相亲、去恋爱、去成家，把赚钱的想法想搁置一下，先让他们抱个大孙子。

最终，老人的心愿也没有说出口。

听说，后来小志回家的时候，把父母几次想要说的话，又生生地给按了回去。小志觉得，一寸光阴一寸金，他已经开了头，定会更加勤奋和努力，请双亲放心，一定尽早在北京买上大房子，接二老去享福。

说这话的时候，小志33了。在北京，不用说33，就是43还在为未来打拼的单身青年也不在少数。可是，在老家他就属于大龄青年了。他父母着急的心情他根本就没法体会。

小志的公司最终也没有多大起色，父母的血汗钱大把大把地填进去，却没有换来什么成就。小志看起来，还是那个漂在北京的单身青年。

小志的追梦脚步，也开始慢慢地受到老家那些保守的乡亲的质疑。谁没有梦想呢，谁不想一毕业就有富豪老爸来一轮天使投资，尽情折腾呢？可是普通人家又能有几个王思聪呢？梦想不是这样追的，起码不是建立在父母吃糠喝汤省出钱来给你去试错的。

那时候我再回头去看看我那个复旦同事，却有新情况发生了。她告诉我说已经打算辞职了，这一次，双亲也举双手赞成，因为，她已经向父母证明了自己的梦想就握在手中，同时，还拥有一位志同道合的爱人，父母大可以放心她的未来了。

原来，心气远大的她即使在小城市里当着一名公务员，也从来没有放弃过梦想，只不过选择了另一种方式。在安心工作的同时，也在暗地里不断努力，几年时间都没放弃过主持梦想，参加各种比赛、各种选拔，终于在本地电视台谋得一份主持人工作。父母怕没结果，那就先拿到一个结果再去说服他们。

我说："你终究还是走了自己想走的路，只不过比原来晚了五年，后悔不？"

同事坦然地说："那怎么可能后悔啊，这是我认为最正确的路了。做子女的，其实要知道父母最大的梦想就是希望我们幸福平安。我的父母一辈子都在这个城里，多少有点眼光闭塞，我没有办法一下子就说服他们相信我。如果我当年直接在那个卫视留下了，说不定这几年取得的成就比现在大很多，但也意味着父母提心吊胆的程度也比现在大很多。他们太疼我了，不敢看我走一丁点试探之类的路，而我太想孝敬他们了，这是我作为闺女应该做的。"

同事说这段话说了很长时间，我愣在原地思考了很久，最后不能更同意她的观点了。原来我一直都误会了她，她才是最忠于自己内心的，她做的是一条最正确的路，先顺着父母的心意，给他们吃好了定心丸，把自己的梦想踏踏实实地植入自己的日常生活。

默默努力，寂静欢喜。

是呀，我们这一代的年轻人，是该回过头想想梦想的正确实现方式了。有的人觉得，先听父母的、顺了他们的意会绕弯路。人生苦短，别人都在奋进，你又怎么能允许自己为了给父母吃一粒定心丸而暂时搁浅了梦想，或是放缓了逐梦的步伐？每一次驻足，就离人生巅峰远一步。

可是为什么你想的全是你自己，你就不想想你在前方冲锋陷阵的时候身后有两个老人家寝食难安。

他们不管你是名牌大学毕业还是高中毕业，他们只知道你需要一种独立赚钱的能力。他们便偷偷把对你成家的期盼藏起来，宁可想孙子想白了头也不和你提，硬装起开心的样子把家里慢慢积攒下来的积蓄拿出来，送给你刚起步的公司，供你立业。

后来小志有次和我聊天时说，他最怕的事情就是看到父母干活时一弯腰头顶露出触目惊心的白发。而五年前他大学毕业时，父母还不是这样子的。

酒后，小志哭了，说："饭饭，我现在才明白我以为的捷径，其实绕得最远。我想给他们最好的生活，想让他们以后不再为钱发愁，想让他们成为人上人，想让他们长命百岁、永远年轻，可是这努力的过程中，却先把他们熬老了。我的公司还没有起色，他们跟着担的心已经让他们在五年里苍老了几十岁。他们却只有一个目标，就是看我娶媳妇、生娃、给我带娃。"

我们常常会在心灵鸡汤里写，我们拼命努力，拼命赚钱，无非是想有一个光辉灿烂的未来，减轻父母的负担。可是，谁又曾想过，在我们拼命的过程中，父母可能瞬间老去。我们以为报喜不报忧，他们就安心了、踏实了，殊不知那是我们的父母啊，我们的一毫一秒，说出来的、藏着不说的，都逃不过他们的眼睛。

小志，一个三十多岁北京私营小公司的CEO耷拉着脑袋，声音低沉到快哭了，他说："饭饭妹妹，如果能让我父母变回原来的样子，我愿意少活十年啊。"

如果可以重新选择，他宁愿没有创业，还在按部就班地上个班，谈个寻常姑娘，结个正当好的婚，生个延续希望的孩子。有个孙辈绕膝，父母就不会老得那么快了。多年过去，小志已经没得选了，只能硬着头皮向前，赶紧把事业做起来，赶紧腾出时间来，哪怕去相亲，对父母来说都是安慰。

其实，父母老去的速度远比我们想象中要快，停下来一两年，回头听听他们的心愿，先成全一次他们的期盼又如何？要知道，我们的这一点点成全远远报答不了他们的养育厚恩啊。

小志说，父母骤然老去的现实，让他突然间理解了网上流行的那句话：父母不求孩子大富大贵、光宗耀祖，只求他能健健康康、平平安安、踏踏实实地把日子过好。

　　对我们来说，父母的梦想太容易实现了。他们担心我们没有工作，我们就找一份稳定的工作；他们担心我们成不了家，我们就赶紧去谈恋爱、去相亲；他们担心我们攒不下钱，我们就把每月的银行卡余额给他们看。让他们高高兴兴、放放心心地看着我们去创业、去追逐梦想。

　　我们身边都有很多复旦同事一样的姑娘，也有很多小志一样的朋友。不能说谁对谁错，但有的人追梦的时候，会顾及父母的感受，而有的人追梦之后，会后悔曾经忽略了父母的心情。

　　我那个复旦的同事很美，可是，我觉得她最美的时刻就是，斜着脑袋，露出微笑，说出那句话的时候。她说："后来啊，我还是决定先实现他们的梦想。"

　　我们都有一个梦想，它是成为一名作家、歌者、演员、CEO、CTO（首席技术官）……它关乎前途和命运。

　　我们的父母也有一个梦想，希望我们十八岁时有大学读，二十二岁时有一份稳定的工作，二十六岁时有恋爱谈，二十八岁时有老婆娶（老公嫁），三十八岁时家庭圆满幸福，四十八岁时坦然淡定，五十八岁时享受天伦之乐，六十八岁时还能被他们看到。

　　所以，后来啊，我们想了想，那就还是先实现他们的梦想吧。至于我们的梦想呢？稳稳当当地来，该有的一定会有。

03 远方是一首诗，我慢慢讲给你听

　　同办公室的小王在很不耐烦地讲电话，忽而几句高声引起了我的注意，听得出对面是一位操着方言的女人，好像在询问小王该怎么用微信转账，怎么绑定银行卡。小王解释了几遍，对方仍然不会弄。由于小王身边站着几个等待办事的人，所以他已经很不耐烦了，遂说："哎呀你先别弄了，等下你告诉我你要转给谁，我来转吧。"对方还不知趣，仍在不停地说着什么，小王说："知道了，知道了。"便匆匆挂断。

　　电话对面应该是他的妈妈，因为能忍受他的不耐烦、大腔调，还能好言好语地叮嘱多吃饭、多穿衣、别不舍得花钱的女人，那只有妈妈了。

　　小王刚大学毕业没多久，有才、随和又勤快，在单位里人缘特好，可以说情商很高，很会做人。可是他的这一通电话，却让我对他的印象瞬间打了折扣。他对待母亲的语气太不好了，即使有事在忙，完全可以好好地说："等我忙完了再给您把转账的事解决，哪天回家再好好教您用微信。"

他把他所有的耐心全给了工作和同事，但却把所有的烦躁都给了生养他、爱护他的至亲父母，连教着玩一下微信的时间都不肯给。而类似的事其实有很多，很多人对父母都少了些耐心。

闺密曾经和我说，她妈妈总是打听她和男朋友相处的事，她很烦，每次都找借口挂电话；远在外地创业的同学和父亲打电话总是说"挺好的，挺好的"，他觉得多说父母也不会有什么建议，那干吗要说；朋友说他的朋友圈不能再玩了，因为他老妈也玩微信了，天天"贼贼地"盯着我，状态发完一秒就会被她发现并点赞……

我们都主动疏远了父母，少了很多沟通和交流，觉得代沟不可逾越，忽略了父母玩微信的目的其实就是离我们的生活更近一点。

我想起以前妈妈曾经讲给我听的一件事，她说邻居的儿子上大学回来，和爸爸在那里聊天，谈国家大事、谈小道消息、谈大学见闻……他妈妈从厨房忙活完过来便插了一句话，儿子却摆摆手，很不耐烦地说："你不懂你不懂。"邻居阿姨当场就气哭了。

正巧碰见我妈妈去串门，就把当着我妈妈的面将他儿子数落了一番，你看他长大了，翅膀硬了，有话都不和我说了，说我不懂，我是没上过学没文化，可是我省吃俭用供他读书我容易吗……

好在，邻居的儿子是和爸爸聊得起劲，被妈妈打断很是不爽才甩出那句不尊敬妈妈的话，在他妈妈生气崩溃之时，及时认识到错误，想尽办法哄好了妈妈。

而邻居阿姨随即喜笑颜开，和我妈妈炫耀开了儿子在外面精彩的生活和表现，所用的例子，正是儿子刚刚讲给他爸爸的，她虽在厨房做饭，却一件不落全记在了心里。

没过几天，妈妈开始向邻居炫耀我考公务员进了面试，那是几天前我和妈妈激烈争吵过的一件事。我的意思是只是进了面试还没有真的考上，先不要对外张扬，不然落榜的时候太难堪了，而妈妈却觉得进面试已经是很了不起的一件事了，已经证明她的女儿有能力啊，那怎么能不逢人就说呢？

听妈妈讲了邻居阿姨的事情以后，我便不再反对了。我突然觉得天下父母其实都挺可怜的，他们的眼界就那么宽，就那么直直地盯着孩子。孩子好，他们就高兴；孩子不好，他们就难过。孩子就是他们的全世界。不让他们谈孩子，他们会和哑巴一样痛苦；不让他们看见你的日常，他们会和盲人一样无助。

好在，我考上了。妈妈炫耀地更殷勤了。

孝顺啊，不是每年你能带回家多少钱，而是能尽量表现得合他们的心意，比如在他们能看见的范围内活动，起码别用"你不懂""说了你也不知道""别管我"之类的语言来敷衍他们。

可能，我们的感情、生活、事业父母帮不上什么忙，但是他们要的是知情，是参与，是了解你更多一些。所以不要剥夺父母在深夜为伏案思考的我们给送上一杯热牛奶的权利，也不要剥夺父母向别人炫耀我们取得了好成绩的权利，更不要在朋友圈里屏蔽了父母。

微信里面有你喜欢的诗和远方，你自己每隔五分钟就得刷一次，怎么狠心屏蔽了你父母呢，怎么能忍受他们打开你朋友圈看到一条横线的心情？

诗歌很美，那里面装载着你的烂漫情怀，可是那些逐渐丰盈了你头脑的见识和能力，正是从父母一年年加深的皱纹里爬出来的。远方也很美，那些你渴望的、无数次出现在梦中的风景，正是你踩上父母一年年驼下去的肩膀时，慢慢清晰起来的。

你也很争气，沿着父母希望的路走出了一条康庄大道，读好大学、去大城市、爱正当好的异性、干自己喜欢的工作，你无时无刻不在刻苦努力，你觉得自己很优秀了、很出色了，甚至可以回家骄傲地告诉父母："你们可以很开心了，你们的孩子多么令人骄傲呀。"

是的，你混得不错了，你说你的生活就是诗和远方，你说你的父母他们不懂诗与远方。你不愿意花时间告诉他们怎么用微信，你说太难了你们学不会，还不如打个电话方便；你不愿意教他们用打车软件，你说太麻烦了你们学不会，还不如伸手拦辆出租……

你不知道的是，前几天，邻居阿姨向自己的妈妈炫耀了她儿子手绘了一张微信使用指南，她现在都会用微信和儿子视频了；隔壁叔叔遇到打不着出租车的爸爸，诧异地问，你孩子没给你安装个打车软件吗？下车都不用交钱，直接走就行了。

你真的不知道，被你屏蔽之后他们失去了对微信的热情，你以为他们只想的到"你教会他们玩微信"这件事，只是单纯地想和亲朋好友们炫耀一番："**儿子翅膀硬了，飞远了，可我手里还有线啊**，我可以随时随地接收他们的消息，随时随地优先指挥他们。"

你真的忽略了，他们老了，反应慢了，学东西慢了，可是，他们却比以往更加需要去接触这个广阔的世界。从你长大的那一刻起，他们与这个世界的接触范围就开始一步步缩小，最后，**你就是他们联系世界的唯一通道**。如果连唯一的你都不耐烦了，那么他们的晚年还有什么幸福可言。

我看过一个故事，孩子带着年迈的父亲在公园里散步，父亲问孩子树上那只鸟叫什么，孩子第三遍回答说那是一只乌鸦的时候，就有点烦。但是父亲的日记里却记着，小时候儿子曾经反复地问那只鸟的名字，一共问了二十五次，每次父亲都很耐心，也很高兴，因为儿子又记住了一只鸟的名字。儿子读完日记哭了。

小时候，父母教会我们说每一个字、做每一件事都要重复上千遍，却从来没有厌烦过。如今我们长大了，父母也特别希望我们会用他们之前对待我们的那种爱心，认真细致地教他们接触新鲜事，带他们看想看的风景。

时光流逝，父母总会越来越老，越来越迟缓，越来越远离外面这个喧嚣的世界，听不懂我们的网络用语，不会用我们的社交软件，他们正从我们无坚不摧的靠山慢慢变成开始依赖子女的"老孩儿"。

请耐心点，教会你的父母用微信，再耐心点，把你看到的诗和远方一点一点地讲给他们听。

04 不说一句的爱有多好

　　成年以后的你总是很勇敢、很坚强。月薪三千，住潮湿的地下室，你一边洗澡一边硬气地歌唱；淋着大雨却迎面撞上搂着别人的男友，你愣在原地尴尬、沉默；使劲地攒钱，却始终赶不上房价的增速，你拖着行李从一线城市辗转到二线、三线，抬起头却看不到未来的天空……

　　这些，你都没哭，因为你知道哭没有用。可是，到了月底你打个电话回家，低沉隐忍的声音还是没能瞒过母亲，她把电话递给你那当家的爸爸。他沉默了好久，来了一句："没关系，爸爸养你。"

　　一瞬间，你再也绷不住，泪如雨下。**那是你在外头品尝了酸甜苦辣后，第一次如此清晰地感受到不善言谈的父亲意味着的比母亲更深沉的爱。**

　　记忆中的父亲仿佛永远不讨喜。他不知道你爱吃什么、爱穿什么，却总是频繁地过问你的成绩；他在你和同学、朋友争吵、打架时，从不会替你出面，反而会把你罚站在角落，逼你一遍遍地承诺：再也不打架了。

你除了有些怕他，甚至有些记恨他。你虽然看到了，那个被你定义为冷酷的男人满眼的不解和满心的忧伤，但你并不觉得有错。因为你觉得他不爱你，你听不到他对你说爱。

成长是一件特别快速的事情，你来不及思考，便已十八。去读大学的时候，父亲为你摆一桌升学宴庆祝，你头一次见父亲那样高兴，他十几年的喜悦都在那一天释放了。酒过半巡，他揽过你，说："孩子啊，出门在外别亏待自己，有事和你妈说。"

他没说"有事和爸说"，而是说"和妈说"。你了解他，他真是矫情不来的，他把做好人的机会全给了妈妈。

每周，你往家打个电话，如果是你妈妈接，你会絮絮叨叨地说很久，关于校园关于思念关于生活琐事。如果是你爸爸接，你一准只有一句话："爸，我妈呢？"

后来你发现每次往家打电话，接电话的总是你爸爸，你开始有些不满："怎么老是你？我妈怎么不接电话？"你爸爸低沉地"哦"了一声，把电话传给你妈妈，你再又絮叨了十分钟之后放下电话，心里突然有根弦响了，你知道了：每次都是爸爸接电话，并不是碰巧，应该是爸爸早就等候在电话旁边，就为和你来一段开场白。因为如果是妈妈接了电话，那他和你基本又说不上一句话了。

你开始懂得爸爸，懂得这个形象剽悍的男人内心的一丝柔软。儿时粗犷的父亲，不知道什么时候开始变得细腻和敏感了。大概，就是从你离家读书的那一天起吧。

你毕业了，你想去大城市发展，打电话问父母意见，妈妈帮你分析来分析去，最后说："哎呀，我也不知道了。"爸爸却斩钉截铁："去吧，顺着自己的心意就好。"你知道他其实省略了后半句："有我给你做坚强后盾呢。"

刚冲出象牙塔的你意气风发的样子英勇至极，他又怎么能不支持，兴高采烈地在远方为你摇旗助威。

每次回家，妈妈为你备好短袖短裤、棉袄棉裤，陪你唠一年的嗑。爸爸却骑着单车去赶集卖货。你觉得爸爸太俗，太看重钱。你一共在家几天呀，他还像以前那样不知道在家陪你。可是他载着你去车站，你听到了他因力气不够而累得气喘吁吁，你开始心疼他。你一年回家两次，爸爸递给你的钱也是两摞。你拿在手里沉甸甸的。

有一天，刚换了新工作的你被压了两个月工资，连最便宜的房租都快交不起了。可是那天，你收到了来自家乡的快递，是一支你中意好久的口红。听妈妈说，邻居出国的女儿回家探望父母，来家里串门聊天时随口提起这个牌子，爸爸就催妈妈去买了。

他知道你喜欢，也知道你钱不够，你舍不得。他的钱够，并且给你买，他舍得。是的，他有钱，省吃俭用，从牙缝里省下来的钱，给你买一支昂贵的口红，眼都不带眨的。

后来，你硬着头皮问爸爸要两千块，爸爸连夜托表弟给你转了五千。你打电话回去想表示感谢，却不好意思开口，而他也只字未提，就像没给你打过钱一样。他是你爸，太懂你的自尊。

于是，你比从前更加努力、勤快、拼命，成绩和希望一点点地多了起来，你满心欢喜地接收着时间带给你的硕果。你也比以前更清楚：**这些年，你在他乡感慨时光飞逝，他却在家乡细数春夏秋冬。**

你谈恋爱了。听说，爸爸也加薪了，可以加倍资助你的恋爱基金了。你不知道的是，他所谓的加薪只是多谋了一份工，多出了一份力而已。

数次，你被男友的无情冷漠伤害到。夜晚，你抱着冰冷的枕头，泪水默默地流出来，你好孤独难过。那时候，你总会格外想念父亲。你开始渐渐懂得，男朋友口口声声说爱你，却随便一件事都不肯包容迁就你。只有父亲，从来不说爱你，目光却从来没离开过你。

终于，男友提出分手，他走了，你觉得天都塌了。你哭肿着眼去上班，心神不宁出了好多错。你在朋友圈发一些晦涩难懂的字眼：谁不曾失恋、失业？谁不曾遭遇过歧视和不平？

第二天你洗把脸出门，想买个方便面来泡，下楼就看到了推着自行车站在门口的父亲。他二话不说，上楼给你收拾几件行李，说："你妈做了你最爱吃的红烧肉，回家吃吧。"

他跨上单车，你推着后座跑两步，"嗖"地一下轻松跳上去，像小时候一样扶紧爸爸的腰。爸爸租来这辆自行车，载着你从住的地方赶往火车站。

这一路上，你路过公司大门，来来往往都是熟悉的陌生人。你也看到了前男友的车，副驾驶已经坐上了新的主人。你把头靠向父亲的背，泪水悄无声息地滑落下来，打湿他的衬衣一片。

他一定是知道的，但他却什么都没有问，也什么都没有说。而你知道，他是想告诉你，即使没人骑车载你，还有他。他还没老，还可以带你看风景。

你也一定是知道，**人生前路凶险，爱情难料，前途未卜，但这都不是你哭泣的理由。你不怕呀，你知道身后一直有一个沉默的男人，他视你为瑰宝，爱你如生命。那一刻，你心安极了。**

回到家，母亲端上透亮筋道的红烧肉，你一边吃一边和妈妈聊天。半小时之后，你突然来一句："妈，我爸呢？"

话一出口，你自己也感到意外，以前张口都是找妈，现在竟然也知道找爸了。父亲本来在另一间屋里抽烟，听到后激动地起身，右手猛地在脸上抹了一把，赶紧出门去了。他临关门说了一句："我去市场看看，再买点你爱吃的。"那声音里分明有颤抖、有难过，还有心疼。

而你心里，已经分不清是什么滋味了。哭了，又笑了。

你和妈妈说："妈，您和我爸别担心，我会好好的。"

那一刻，你终于明白，父亲那不说一句的爱有多好。

05 一个不能换掉的手机号

那天，家里要装宽带，可以赠送手机号，我说我不要，这个手机号我不想换掉，你和别人捆绑吧。老宫取笑我说："怎么，手机号里有什么情结么，怕谁找不到你？"

我回应他："神经病吧你。"其实内心已经起了小涟漪，我是一个不怎么怀旧的人，却很难换掉我在青岛使用的手机号，的确是怕人找不到我，具体怕谁会找我，我也不知道。

第二天把这事到办公室一说，一个小姑娘就嚷嚷起来了："你这一说，我忽然想起一个细节，终于明白了，上礼拜六相亲那个小伙子，加微信的时候为什么要让我等他切换一下，他是在用小号加我吧，不是怕我找不到他，而是怕我找到他！忒不靠谱了。"

是啊，手机号、QQ号、微信号，已经和名字牢牢地捆绑在一起，同青春、同回忆、同恋爱、同各种各样的秘密都密不可分了。

我写过的女公子小隐姑娘，是我堂弟的前女友，在青岛打拼多年，即使失恋后依然坚挺过一段时间，后来无法疗伤回了老家，从头开始。

因为她是在银行工作的，前阵子因为急事急需贷款，关于其中的专业事项我始终弄不明白，就想起了她，尝试着拨了她原来的电话号码，竟然通了，我说："你回老家这么多年了，竟然没换号。"

她笑了："一回来就买了新的号，也发过短信了，估计你没注意到吧。"

小隐又说："因为青岛那个号流量套餐蛮划算的，而我外出的时间比较多，用得着流量，所以就保留下来了。额……雷刚现在好吗？"

略去了中间很多话，小隐欲言又止，最后还是问出了她最想问出的话，雷刚就是我那"妈宝男"堂弟，听从了父母的意见，丢下小隐一个人一走了之。

小隐问的声音很低沉，没有很迫切，我完全可以假装没听见，继续聊别的，但是我忽然好心疼她，一个青岛的手机号码在离开青岛后五年都没有舍得丢失，是有什么情愫？

一定不是因为流量划算，可能是隐隐期待着旧人回过头去联系自己，尽管自己十分清楚旧人早已经是别人的新人，在另外的地方有了事业，有了家庭，有了孩子，有了新的生活。

人的细胞七年全部更新一次，雷刚对于小隐，真的已经是完完全全的陌生人，连记忆恐怕都面目全非了，谁还能认出当年热恋中的两个人呢？当世人都将那段往事遗忘，当斗转星移催促着新的日子生根发芽，和过去能够发生联系的东西，便只剩那串珍贵的手机号码了。

小隐舍不得丢掉的11个烂熟于心的数字，也是丢不掉对过往的无限留恋。我说雷刚的孩子都出生了，你呢，嫁人了么？她说快了快了。

她说："饭姐，关于银行贷款的事，你有什么问题随时再打电话问我，我帮你理顺，但是这个手机号码，别告诉他我还留着，毕竟这有点尴尬。"

我肯定不会再传话了，曾经有交集的两个人，从渐行渐远的那一天起，就不应该再回头打听，而我也不应该从中传话，就让过去在烟火尘世中永远再见吧。

可是，我分明感到了小隐隐忍的难过，想起了林忆莲那首歌："我只是不愿意失去你的消息……"

就这样，我们同曾经认为很重要的人走散在人海茫茫，你收回了戒指，我抹掉了用你名字留下的刺青，我们残忍地把那一段记忆挖空了。唯独留下一条手机号码的线索，天知地知，你知我知。

我不知道雷刚有没有在遭遇生活磨难痛苦不堪时，忍不住拨打过那个号码，也不知道那个号码是不是24小时不关机，我只是有点期待，小隐能够尽早把那个号码注销。也许那才是永恒的解脱。

　　我把小隐留了手机号这件事告诉了我八卦的妈妈，妈妈竟然泪眼婆娑，让我非常吃惊。我直言不讳地说："妈，我以为你们那个年代的人都是不讲究爱情的，我以为你听了这么矫情的故事会嗤之以鼻，我以为……"

　　我妈说："以前没有手机，就是一块手帕。在你们这什么都快的年代里，真的什么都快，没想到，也有慢的……"

　　我忽然想起了我爸那块被洗得发白的红色手帕，纸巾已经流行多年，父亲身体健康也不用擦什么鼻涕眼泪，却一直都随身携带着那块手帕。

　　这么多年来，这块手帕一直随风飘扬在我家的阳台晾衣杆上，我无数次在楼下习惯性找自家阳台的时候，就会一眼看到它。像一颗火热的心，在告诉我，家里很暖，父母相爱，快点回家。

　　父母毕竟是幸运的，他们幸福地生活在一起，在方圆百米的距离内，一抬头就能看见爱的人，一抬手就能为彼此清洗手帕、清理不好的心情，彼此慢慢地搀扶着完成爱情的图腾。

　　曾经，看过一句话很戳中内心，意思是你知道父母他们那一代为什么现在也不玩手机么？因为最爱的人就在身边。

　　可总有人不那么幸运，不那么坚持，被很多外力胁迫分开，就像小隐和雷刚，做过很多努力，付出过很多情谊，最后却换不来相守，连知晓对方的消息都是奢侈。

我能想象小隐的生活，一边假装坚强地向前，一边盯着这串被自己强制留存的手机号码，靠着回忆过去的美好来舔舐伤口。

换不掉的手机号，也许就是走不出来的过去。

小隐说：“我不知道什么时候让它作废，现在肯定不会。”

我同老公讲，这辈子我也不会换掉我的手机号码了，是因为不想换个新号辛苦你重新背过了。

我们都是没有安全感的孩子，居住城市不会再更换了，那这个手机号就当作我们第一件随身珍贵物品，永久保留吧。

最爱的人在你身边用着一块过时的手帕，放不下的人在远方握着那个永远都不响的手机号码，大概这就是人生最纯真的依恋了吧。

06 你妈逼你男人买房，你站哪方

很久以前，我身边一位热恋中的姑娘特别苦恼地倾诉过："为什么自己妈妈非要逼着男朋友婚前买房？我是猪么？非得先有圈才肯卖过去么？"

姑娘的男朋友是农村飞出来的凤凰男，家里还有弟弟妹妹，个人能力虽好但前几年都补贴家用了，认识姑娘时就是光杆司令一个，恋爱一年后仍是浑身上下找不出一千现金。但他对姑娘特别好，迁就宽容、知冷知热、言听计从，姑娘认准了潜力股，想说服父母裸婚，住进租的房子里。她觉得真爱无敌：我才不在乎新房钻戒，我要的是一个人的心。

但姑娘的妈妈特别执拗，死活不同意裸婚，最后经不住姑娘的思想工作，同意了不办婚礼，但房子那一关坚决不放，一句话：婚前必须买房。

最后，姑娘特别灰心丧气地发问："为什么人不能选择父母，面对这如此虚荣的妈，让我如何是好？"

这段话让我大跌眼镜的同时，也打消了同她再聊一聊的想法。能够这样误解自己亲妈的姑娘，也是够傻的，想必是别人说啥也没用。此时今朝，怕是眼里只有待她无限好，能够托付终身的良家男人了。

这事她和她妈总有一方让步，准岳母要求婚前买房，似乎是父母反对子女婚事缘由中最常见的一种，也是姑娘们最不好站队的一个难题。

听说姑娘的妈妈是个强势的主儿，我以为姑娘和男友会输，会想尽办法筹款买房，然而却是姑娘的妈妈让步了。傻姑娘美滋滋地嫁过去了，领个证、收拾几件行李、出门旅游一趟就搬进了男人花重金租下的一室一厅，开始已婚生活。

她以为自己泡在蜜罐里了，但糖分也有稀释的那一天。这一天很快就到来了，季度末，房东来罚款，说是地板被泡了，姑娘口干舌燥地赔笑哭穷三个小时，房租没涨，但也不答应继续租给他们小两口，姑娘赔了一千只睡了一夜安稳觉。

第二天还没起床，房东就来敲门，带着二手房中介左看右看，姑娘局促不安的内心像有无数只蚂蚁爬过。"我要搬家了……"可是，哪有那么简单，附近三五个小区，只有这一栋楼有一室一厅，另换地方，又是一笔额外开支。那时候，姑娘真的傻眼了，"我想有个家"的想法就在脑海里，不好意思向男人开口，也不好意思向父母开口，毕竟这是她自己选择的路。

社会文明了，家庭对于自由恋爱的包容度提高了，很少有姑娘因为爱情再上演私奔、六亲不认，甚至傻到殉情的桥段了。

　　但仍有不少姑娘，在认定那个人之后，有意无意地和父母起了争执，开始叫嚣："你们为什么不尊重我，那是我的爱啊。""这是我自己的选择，不用你们负责。"……

　　一半家长在闺女的所谓真爱面前败下阵来，愁眉苦脸地出席婚礼，充满焦虑地见证着姑娘蒙住双眼去爱自己选的人，在心底流泪，姑娘却看不见。也有一半家长用尽心思和手段、明枪暗箭要掰开那段既成的姻缘，坚决不能推儿子和女儿入火坑，但受到年轻一代子女甚至媒体的谴责，手伸得太长，管得太多。

　　于是，前一半保守派父母的阵营越来越壮大，后一半激进派父母的高地也屡遭攻击，而年轻姑娘们欢天喜地地奔走相告，去爱你想爱的人，去嫁你想嫁的人。

　　我那朋友的父母就是一例，当初那么咬牙坚持，后来不也含泪嫁闺女了么？听说，最近闺女怀孕，女婿怕姑娘来回奔波太辛苦，打算到闺女上班的地方重新租房住。女婿尚能如此体恤女儿，丈母娘略感欣慰，但考虑到还得搬家，就和老头子商量好了打算凑首付给姑娘和女婿买房了，反正也是要搬，不如一次到位吧。

　　这算是好一点的例子，姑娘的男人固然穷，但对姑娘没有冷落，反而更加珍惜了。

　　然而，好多婚姻命途多舛，好多姑娘嫁为人妻后，却又三五成群地聚到一起，悔不当初。可不是吗，就像周杰伦歌里唱的："为什么要听妈妈的话，长大后你开始明白这段话。"

当初你觉得妈妈怎么那么俗，不买房不放女儿出嫁，后来你才知道妈妈是不想让你尝遍搬家的苦楚酸疼和无奈。

她横挡在门口，要求结婚前必须得有一套房，并不是四起的谣言里说的那样，要卖你。不然她为何私底下偷偷告诉你，只要小伙子松口了，她和你爸就会把这辈子攒下的钱都补贴给你们，去买房。

他们觉得，你们买的不是房，是安身立命的根基，他们舍不得自己的宝贝辗转租房，找不到心安。他们逼着婚前买，你觉得他们不可理喻、见钱眼开、贪图眼前利益。于是他们妥协了，实在看不下去你委屈的样子。

到了最后，婚前婚后，他们看家底的那点钱，还是得被你掏出来。

其实，还有一段真相似乎被捂住了、被忽略了。也许，在你家门口徘徊等待着让你回家游说父母租房结婚的男人，心底和明镜似的。他们明明知道所谓要房就是一个形式，明明知道现如今年轻人拿不出首付，不管哪边有钱都会帮衬。

可是，这一场聪明男人都会一眼看穿的考验，却鲜有几个男人会陪你演下去，他们挥舞着"你妈太物质"的大旗，昭告舆论："我们分手了，你妈太爱钱了，卖女儿呢这是。"

因为你爱他啊，他觉得你应该启用你为人闺女的情感优势去说服你父母，把你放心交给他，他虽然没钱没房，但有一颗对你好的决心。你不知道的是，如果非要给这个决心加一个期限，那可能是一年，也可能是不耐烦的十年，几乎要比你想象中少那么半辈子。

你发现没，当你开口和你爸妈说："我要嫁给他了，不着急买房，准备租房结婚。"你爸妈无论怎样都是输，而你男人便怎样都是赢。那你说，当你妈逼你男人买房，你该怎么站队？真的无解么？未必。

也许，你该可怜巴巴地一把鼻涕一把泪地站到你男人面前，问他："可是我真的很想有个家……"你且看他作何解释？

07 别人家的优秀少年都是怎么来的

曾经看过这样一段话：**你想让他成为什么样的人，就朝什么方向使劲夸他。**最终，他会成为你口中的那个样子，至少他会和你所期望的形象十分接近。

然而，大多数人把这条家庭基础教育的真理，应用到了恋爱婚姻领域。爱人之间会把赏识作用发挥到淋漓尽致，我见过"闷骚男"被改造成"暖男"的，见过外表一般的姑娘化妆水平火速提高的。这背后其实充斥着无数个和"你真体贴""你真美"意思相似的夸赞和欣赏。

但是你那么聪明，那么精明，把老公或媳妇夸得团团转，按照你期望的样子越变越好的时候，怎么能忘了把这甜蜜的甘霖挥洒向你的下一代呢？

因为赏识教育永远是最有用、最具可操作性、最能预料效果的家庭基础教育。

没有哪个孩子愿意一边听着父母向外人抱怨自己调皮贪玩又笨乎乎，一边还越挫越勇、逆流而上成为成绩好、能力强的大好青年。原因就是，凭什么呢？

相反，身边有个别人家的孩子，幼时聪明过人，长大了上清华，毕业出任上市公司高层，迎娶才貌双全、势均力敌的姑娘，他是人生的大赢家。他的父母经常被请上台做教养报告，也经常被亲戚朋友打破砂锅式地询问："你到底是怎么培养出这么优秀的孩子来的，有什么诀窍？"

他的父母倒很实诚："我们俩都是地道的农民，哪里懂什么教育，都是孩子自己懂事、自己出息的。"

真的是没有教育，全凭自己出息么？

这个孩子是这样说的：很感谢他的父母对自己无条件的相信、鼓励和夸奖，尤其是母亲像挂在嘴边的口号一样的那句"我儿子是最棒的"，曾经让他在面对很多难题时咬咬牙挺过去了。他不止一次听父母当着自己的面向亲戚朋友说"我儿子聪明、学习好"，然后他就觉得，有责任去考个好成绩帮父母把这荣耀撑起来。

还有一次母亲在家长会上介绍经验时，这样骄傲地说："我儿子暑假就把下学期的内容预习了，所以才看起来玩着学。"

本来真是玩着学、压根从来不预习的他恍然大悟，原来我应该这样学啊，然后从班级第一走向年级第一，就成了必然。

后来，"我儿子想考清华""我儿子年年拿奖学金""我儿子一定能选上学生会主席""我儿子代表国家出去辩论，肯定赢""我儿子要是创业，那还不是小意思"，除了最后这一件是他的父母刚加上去，男孩子尚在实现的路途中，其余的男孩子都一步一步走过来了，没让父母失望过，没让自己失望过。

有人问："你没觉得压力大吗？"

他笑了："从小就被夸习惯了，夸着夸着，对于我异于常人的聪明、智慧、有能力这些事，不光他们信，我也信了。"

瞧见没，他自己也信了，他已经充分自信能够做到那些事，将来还可能做出更多成绩，他觉得那是他能力所应得的。

那这个孩子的成功是父母啥也不懂教育来的么？可能他的父母可能真的未必懂得"赏识"对于一个孩子的重要性，但是他们天生就喜欢夸奖孩子、觉得自家孩子哪里都好的脾性，就是他们的家庭教育中最出彩的地方。

赏识教育的最高明之处在于自然，**夸孩子要自然，要发自内心，要让孩子丝毫没觉得那是父母在故意夸奖和鼓励，而是在真实地陈述一个客观事实。**并且赏识是无条件的信任，而不是纵容；是期待，而不是强迫；是自豪，而不是骄傲。

"赏识"听起来容易，做起来难。身边太多好面子的家长，家里来了客人，孩子一闹腾，就忙不迭地教训孩子："哎呀，小孩子就是这么没礼貌。XX，你就不能安静一会儿吗！"

还有些德高望重了一辈子的爷爷奶奶，哪能容许家里有个不懂事的小孩子。每当孙辈表现得有一丝欠妥当，就会不好意思地说："哎，就随他爸，从小捣蛋。"或者孙辈见生人害羞，爷爷辈忙不迭地解释说："家里没人时可大方了，一来人就蔫了，真没大出息。"

不会赏识自己的孩子，等到孩子都有了孩子，依旧不重视赏识教育。结果是什么？这些年幼尚没有分辨能力的小孩子，在自己亲爸亲妈、亲爷爷亲奶奶、亲姥爷亲姥姥的念叨下，捣蛋的更加捣蛋，窝囊的更加窝囊⋯⋯

而身后的家长们还在无休止的批评着、教育着，孩子从0岁到18岁的成长中，思想里不停地被最亲的人给灌输了"你不好，你不行"的观念，多么可怕的恶性循环⋯⋯

虽然孩子还有后天一部分自我学习、自我取经的机会去改变这些不好的习性，然而潜移默化中形成的自我怀疑与自我否定，怕是很难完全摒弃了。

所以你知道了，面对同一个难题时，为什么有些孩子自信满满，而有些孩子却不停嘟囔"我能做好么""我能成功么""XX肯定比我厉害"，这样你家孩子输掉的不仅仅是起跑线，还有气势！

一个在竞争无比激烈的社会里，如果连父母都吝啬自己的欣赏与赞美，你让孩子从哪里去寻找自然的鼓励？

我读研时曾替导师带过二级学院学生的课，认识了很多活泼开朗的学弟学妹，但印象最深刻的是外表美丽内心却十分自卑的小M。你从她身上会发现：所有的自卑、内向、自疑都有深刻的家庭根源。

小M面容姣好、身材高挑，十分想参加学院的业余国旗护卫队和模特队，然而却都失败了，好多人都觉得好惋惜。但真的没办法，因为她虽高却驼背严重，双肩前扣，并且眼神里没有自信，甚至很少正视前方。

据说，她小时候常被赌徒父亲骂得抬不起头，后来骂多了再也不好意思抬头了，十几岁发育的时候一直低头行走，失去了养成"亭亭玉立"的最佳机会。

小M不相信爱情，有男孩子献殷勤是再正常不过的事情了，但她经常会患得患失，觉得凭自己不配得到厚爱。可当真的谈恋爱了，内心敏感脆弱到男朋友只要有一句高音或是一丁点不满，她都会歇斯底里地反抗。男朋友觉得她极端得不可理喻，时而觉得自己不配爱又时而觉得自己不能被伤害，像一戳就破的气泡。最后，男朋友无奈离开了。

小M说她自己也奇怪，不吵架她觉得不正常，吵架了她会恨，为什么所有人都会嫌弃她，就像父亲那样。

问她父亲都曾骂过她啥，她苦苦一笑，都忘了，都是无关痛痒的小事。

正是大人们觉得没什么大不了的，"你怎么遇见邻居都不叫人""你怎么连这么简单的事都不会做""你怎么没一点优点"

这样的话，一旦在孩子幼小的心里生了根发了芽，就生生地在心头植入了一个"复读机"，时不时自动播放一句"你不好，你不行"。

长大后，我们都被困难荆棘所逼迫，穿上了一层层的战衣和铠甲，变得坚强、无坚不摧，我们对于别人的恶意也许会不在乎。可是，小时候，这一棵棵稚嫩的树苗真的无从忽视家庭带给我们的言语伤害，**而不值得的是，这些伤害本是无意的，是本可以避免的。**

尤其是大人那些带着"向外人解释"的话语，潜台词是，那怎么能当着外人夸奖自己的孩子，夸也得夸别人的孩子，大人们觉得是在谦虚，小孩子却觉得自尊受挫、觉得自己被父母冷眼看待。

只有好好地、用心地去赏识你家里的宝贝，他（她）才可能健康快乐地沿着你期待的方向成长。

在家庭基础教育里，唯有赏识教育会给你最大的胜算。

也有人说"最好的家庭教育是言传身教"，父母言必行行必果，孩子才会成熟稳重、雷厉风行。可是，你有没有想过所谓的言传身教，也只能教出一个和你自己本身差不多的孩子。你自己都只会蹲马步，还能奢望教出降龙十八掌？算了吧，这种言传身教，只能"青出于蓝而略微胜于蓝"，顶多教出一位"深蓝"。

就是这样的，你脾气好，那么孩子也不凶；你是知识分子，那么孩子也能考个大学；你为官圆滑，那么孩子也颇会来事儿。

除了这些好的"言传身教"，请你务必要学会"夸"，夸你的孩子一定能学会"降龙十八掌"，那么孩子会有他自己的途径去学习，你只是他的指引而不是他一切学识和见解的来源。面对孩子，永远都不要吝啬夸赞和表扬，**因为只有赏识教育才能培养出一个远超自己水平、直逼自己期待的人才。**

这种方式放到我们不具备完善的判断能力、需由大人来帮我们塑造形象的小时候，就是典型的赏识教育。

文章读到了这里，希望你明白我的逻辑，开始赏识你的孩子。或者，让父母读读这篇文章。

08 请您老得慢一些，等等我的努力

　　我不知道你是不是和我一样，每年都要列一堆新年愿望。比如收获一份好的爱情或是工作，去几个地方旅游，学几项技能，挣多少钱，买什么东西……这些都是可以量化可以通过努力而实现的事情。我们每个人都对未来的生活充满了憧憬和希望，希望自己能够变得更好、更出色。

　　会很多人关心你飞得高不高，飞得努力不努力，也有人关心你飞得累不累。他们就是我们的父母。他们不在乎我们的功名利禄，只是自觉自愿倾尽一生所能，为我们的幸福、平安、快乐保驾护航。

　　我猜，你的新年愿望里，一定出现过"希望父母健康长寿""有时间多陪陪父母"这样的字眼，就如同我知道每到年底你害怕面对父母又增长的白发和皱纹，害怕今年又没能让父母享福，又没能让他们过上理想的生活。

　　可是，什么是理想？**理想是我们每年在取得了一部分成就后，不断调整的那些期望。理想曲线一直在走高，我们总也到达**

不了。

去年条件不好，说明年买了车一定带父母四处走走。今年我们买上车了，就想再努力一把，争取年底给父母换套房，有房有车心里踏实再出门旅游也不迟。明年又想再成立个公司吧……

你的想法源源不断地冒出来，带父母出游的心愿也一次次搁浅下来……

我们的父母，却在身后乐颠颠地笑着、等着，等他们出色优秀的孩子腾出时间来陪他们。

不曾想，时间飞逝，在我们身上尚能看出生活流淌过的痕迹，在父母身上我们却已然看不到时光的影子了，因为他们老去得实在太快、太快了，快到我们都来不及发现……

前天，我回妈妈家小住。

妈妈说我既要工作又要带孩子还要抽空写作，太辛苦，执意要代替我哄儿子睡觉，把我赶到客厅玩手机，和爸爸一起看电视。过了一会儿，儿子还是没有睡觉，我觉得可能是客厅的电视声音大了一些，就一边玩手机一边提醒爸爸把电视声音关小点。

如果是在平时，关于我儿子的饮食起居，我提个要求让爸妈办到1，他们绝对会周到到10。

而这次，爸爸没反应，我等了一会儿，以为他睡了，就回头一看。没想到，回头看到了一幕，很心酸。爸爸正聚精会神地盯着电视上的新闻联播，习主席不知道在哪个村里发表讲话，群众热烈地七嘴八舌表达着什么。爸爸的嘴乐呵呵地咧着，就好像习主席来了我们老家。

从侧面看，爸爸已经有了明显的老态，鬓角处的白发都露在外面，眼角的皱纹也更加明显。

这让我一下子就想起了很多画面，比如，爸爸走路已经不如以前那么有劲了；比如，他出门时总是坚持抱我儿子上楼，但每次都气喘吁吁的，还有，他每次打给我的电话更简洁了，简洁到只剩两句话，一是问孙子最近还好吧，二是问我要不要钱。

很多日常细节都在告诉我，爸爸他已经老了，可是生活的忙碌时常让我忽略了这一点，我只是觉得他们年龄大了，身体还好着，还可以帮我做饭、带孩子……

我从来没有像看到爸爸专注地看电视的那一幕如此难受过。

原来爸爸因为一点点耳背再加上一点点专注，没有听到我说话。我看到，爸爸的状态明明很满足，然而，我却分明十分难过。我没有再说声音大小的事，爸爸看得那么认真，我觉得不打断他比儿子睡觉更重要一些。

爸爸有个看新闻记笔记的习惯，最初是为了我和妹妹能够及时获得新闻联播内容，方便我们参加各种事业编制考试。后来，我和妹妹陆续工作稳定了，爸爸也知道各种手机推送比他的记录要全面许多，可是还是停不下来，这已经变成他的习惯了。

爸爸不会上网、不会用微信，也就看个电视了。可是为了帮我减轻负担，爸爸妈妈经常把我儿子接回去，日日夜夜陪着，偶尔看个电视，所以才会那么投入。我不能打断他。

而我妈妈是个不折不扣的文艺老太太，热爱一切能调动情绪的事物，比如喜欢上台领奖或者发言。她从事过很多工作，也取得了很多的成绩和很高的评价。妈妈常常自称是我的精神导师，我也常常和她探讨一些虚无缥缈的文艺字眼。

有一次，我问她："妈妈，你有过理想或者梦想么？"

我妈沉思了一会儿，笑了，说："年轻时，有过……"

我很好奇，她就是一普通妇女，不是高官，也不是女总裁，会有什么远大理想，我问："是什么？"

妈妈笑得有些夸张了，脸红了，说："忘了……"顿了顿，她又说："不过，现在最大的心愿就是你们姊妹俩都过舒坦日子，不知道这算不算理想？"

问她那时候，我还在上大学，没等妈妈说完说透彻，我就开始滔滔不绝叙说自己对未来人生的打算和规划，说起自己的远大理想。妈妈眼中闪烁着激动的光芒，她一定是为我的精神所感动，为我感到自豪。

可是，如今再想起来，妈妈的理想是真的忘记了吗？她是那个年代的高材生，被推荐上了大学又因为出身不好被退了回来，想想也该理解当年那么出色的她，应该也会有一些和我一样长久而励志的规划。

只不过，**为了她的两个女儿，为了操持整个家的琐碎生活，她的理想被忽略了，被她自己忽略了，被我爸爸忽略了，被时光忽略了，被她日渐长大的女儿忽略了……**

我的心，忽然很难过。因为我难以想象如果有人突然站出来说"你安心相夫教子，别去写作了"，我会疯的。所以，我心疼我的妈妈。

我们这个时代给了我们更多的机会，我们可以工作，可以顾家，也可以和自己追求梦想的脚步同步。而过去的年代，妈妈选择了家庭，就等于抛弃了自由。

所以，我应该做点什么呢？

父母不是瞬间老去的，而我们却是瞬间发现的。就如同此刻的我。

其实，我们的父母到了晚年之后，所有的生活，不管是现在还是未来，不管是现实还是愿望，他们的一切统统都与子女有关。

我们此刻能做的，除了过好自己的日子，让他们放心之外，还应该有一个明确的态度，有一份明确的、与他们相关的、能够实现的新年愿望。

我掏出已经列好的愿望清单。在第一条前面又重新加上了两条：

1.爸爸喜欢出游，明年就给他买一个单反，给他和妈妈安排两次长途旅游，给全家安排几次短途旅游。

2.妈妈喜欢唱歌，那就给她报名老年大学，张罗一群爱好唱歌的同学。

妈妈曾经上过我们市里的电视台节目，非常激动开心。那再加一个长期目标，希望我能够有能力给妈妈办一场属于她自己的演唱会，想唱啥唱啥，要多少掌声就有多少掌声。我知道，长期目标很难，但我会一直一直努力下去。

只是，爸爸妈妈，请你们老得慢一些，再慢一些，等等我的努力，一定要相信你们的女儿，相信我会有能力让你们过上想要的生活。

新的一年到了，我默默告诉自己：你依然不能懈怠，你要更加热情地去努力。只是这一次，你的努力要与父母的生活密切相关了。

希望，正在读文的你也一样，把新年愿望更新一下，加上父母，加上实实在在的项目。

父母的爱我们是怎么也无以回报的，唯有一点一滴慢慢反哺。

09 他们从不要什么体面

讲故事的人是当笑话讲给我听的，有一位汽车维修工，身上常年有黑油，手心手背都洗不白，前几天接了个行政单位的大活，一口气修了好几辆车。刚收完钱他就去超市买上几袋吃的去了一中——他儿子的学校。

几袋好吃的递给儿子，儿子飞快地接过去转身走了，还嘟囔着："爸你怎么不换身衣服就来了。"

没走几步遇见一位年长者，看起来像老师或是年级主任，总之维修工的儿子乖乖地做立正状，喊了声老师，看老师瞄了一眼手里的东西，还唯唯诺诺地解释了下："我一个老乡路过这里，给我带了点吃的。"

老师遂回头看，看到了维修工人，点头笑了笑走了，那位儿子心虚，一口气跑上楼了。

老乡啊，维修工人那一刻不是父亲，而是老乡。

维修工人去学校外点了一碗拉面，因为到时间学校封校了，不允许随意进出了。拉面馆人不多，维修工人就和拉面师傅聊天，估计是内心实在憋不住，同师傅聊天把刚才的事讲了，只不过变成了别人家的故事。

拉面师傅是个聪明人，当即就明白了，这眼前长吁短叹的维修工人说的就是自己的故事呀，摇摇头叹口气走开了。

后来，拉面师傅将听来的故事逢人就讲，骂了好几天："现在的孩子真没良心，连爹都不认，还是人吗？还上什么学，有脸上学吗？连人都算不上。你没见，那位父亲拉面吃到一半垂头丧气走出去的背影，太让人心酸了。"

故事传啊传，末了，人们都会加上一句：这孩子，是嫌父亲不够体面。

好心疼那个父亲，他哪懂什么体面，他只知道刚收了钱要给孩子送去最好的东西。

他用生命在呵护着孩子，而孩子却在校园里因为虚荣而不敢向外人承认那是他的父亲，即便这孩子能穿着西装革履，能坐拥金山，在众人看来，就已经是最大的没有面子了。

不想去评价那个"那是一个老乡"的孩子，这样的故事不也是少数。坦白讲，你有没有因为父母穿得土而拒绝同他们一起去逛街散步，有没有因为他们与时代的脱节而开口呛声过他们？

所有不懂感恩的行为都是不应该的，麻烦你回头看看父母长年不辞辛苦带你长大成人所付出的一切艰辛。**不要嫌弃他们不体面，他们哪里看重什么体面，他们似乎一辈子没有挺起脊梁堂堂**

正正地做过主人。

为养活一家人，身体终日被沉重的负担压得弯成一条弓；为孩子的教育和发展，又点头哈腰又低眉顺眼地和老师、领导说尽好话；为了办事出门送礼，又因为礼品太少上不得台面屡次被拒绝在门外。

什么是体面？什么是父亲真正的体面？

我特别赞同一个观点：**我如今这么努力地学习、工作、赚钱，都是为了父母有一天能够体面地生活。**

你要用你自己取得的成就去让他们骄傲自豪，让他们过上好日子，让他们挺起身板，体面地生活，让他们再也不要看别人的脸色过日子，再也不要顾及自己的行为对自己的子女造成什么影响。

因为，是他们用前半生的不体面的生活换来的下一代的你的体面生活。

父母唯一的体面，是你认真读书、考试进步了，他们出门红光满面；你长大成人，知道孝敬父母，他们幸福欣慰；你平安喜乐，他们坦然放心……

不敢再回想开头那个故事，心里有痛，总是很想哭。他们还没老呢，还能亮着家里的灯，热好饭菜等你回家呢，你就不认他们了，等他们老了记不清家的时候，会不会真的找不到回家的路？

现在，他们还年轻，还在拼命挣钱让你体面，拼命强大、护你周全就是当下最好的体面。但是你想过没有，他们也还有老了丧失自理能力、真正的有失体面那一天。

有老同事讲，好多次老父亲下楼去花园转一圈就找不着自家的楼了，经常是拿着他的名片让保安送到我们电梯口，每次看见门口的保安就得问问父亲是不是又找不着家了。

还有人的父母明明是当年的知识分子，可家里的电器教他们好多遍了就是不会用，洗衣机洗完的衣服出来都不用再漂洗，直接晾干了就能穿，可老妈就是学不会。

还有的父母老年痴呆了、瘫痪了，用上和孙辈一样尿不湿了，身体都不能由大脑指挥了，还谈何体面。

到那时候，你还能记起你小时候、年轻时候他们为你做过的一切吗？你能拼尽全力照顾他们生活、满足他们的需求、亲自给他们换洗衣服，保全他们的体面吗？

你那么看重体面，一定记得要让他们体面地老去。

PART 6

永远做一个敢爱敢恨的人

你终于变成了当初最讨厌的那个人

但是

这种变化是可喜的

你有你的成功之学

我有我的中庸之道

01 不爱包包的女子

相亲那次，我穿着黑色风衣和平底豆豆鞋，还没洗头。我和对面的男生一直都在讨论一个问题：我为什么背个双肩包？不是现在流行的那种日韩双肩包，我背的就是一普通的双肩包，上学那会儿我们管它叫书包。

当时那个男生坚持说我们不会再有第二次见面，我却不以为然，见一面能说明什么，你能看到我的心灵美还是体会到我的人格魅力？男生摆摆手说他相信一见钟情，可惜我们没有！

整个饭局充斥着说服与被说服，然后两个人向左走、向右走，分道扬镳……

闺密一把扯下我刘海上的粉色发卡，狠狠地说："谁让你戴这个去的，谁让你背这个书包去的？你这是去相亲么，你这样明明是去发广告的，要把你的自由散漫和没有女人味广而告之，让世人无人不知、无人不晓吧。"

我说："不戴发卡，头发会落下来影响吃饭啊。"

闺密说："谁让你吃饭了，你是去相亲的，吃饭只是个形式而已，你只要像一个贤良淑德、不食人间烟火的女子那样坐在那里就好，然后做做样子米饭粘几下唇齿，最多吃个半饱就好了，你是不是吃饱了？"

我心虚地点点头，继续说："我平时就喜欢背双肩包，只拎个手包手空不出来忙别的事情，不得劲。"

闺密啥也没说，只用低三分贝的声音"哦"了一声。

她那沮丧的、恨女不温柔的架势，让我很是不解，为什么全世界的女人都要一个样子的花枝招展，我不能做外表平凡、内在超然脱俗的那一个吗？

闺密说："不能。"

我说："为何？"

闺密没有回答。

当初你离开的时候，并没有告诉我女孩子要干净清澈，还要妩媚妖娆。你只是说，我脸上写满的那些努力、坚强和倔强，让你敬佩不已。

你只是叮嘱我，千万不要成为和她们一样的姑娘，要做那个人群中一眼就被认出的姑娘。要写柔中带刺的文，要发从尘埃里探出勇气的音，要背着我那颗文艺而罕见的心去抵抗世俗。而我对你，是深信不疑的。

当别的姑娘把爱写进妆容、写进时尚、写进女人味的时候，我把青春变成一腔嘹亮的号角一次次从笔端吼叫出来。我总是想起鲁迅的《呐喊》，心中充满着对引领新时代女性独立、勇敢、坚强的使命感。

闺密说我是全世界唯一的傻子还差不多。

相亲第十次失败的时候，闺密接到我的电话简单地说了声"我知道了"，便沉默了下去，我知道她连继续说服我的耐心都失去了。我忽然万念俱灰，全剩沮丧，一个人走进落日的余晖里，怀念你……

那时候的大学校园落叶斑驳，你和你的舍友在晨跑，路过早起读书的我。

你跟他们介绍说："看，那是我干妹妹，写得一手好文章，念得一腔标准的英文，连声音都优美得一塌糊涂。"

而我，在享受着你的赞赏之外，愈加勤奋和努力，一想到成绩在闪闪发光，可能与你为伍，就无限欢喜。

我穿着黑白灰和蓝色的校服，竟然也成校园的另类。可是我不在意，我牢记着你曾说过不要成为人人都能成为的那种普通姑娘，我甚至有意无意地和她们的外在形式做着反抗，我就背普通的双肩书包。

当有男生好奇问我，为什么不去买一个手提包或者小巧玲珑的单肩斜挎包？我笑而不语，心想这世上萝卜白菜各有所爱，只有学长你的喜好才是我的未来。

我也曾试探着问你："没有女朋友会不会孤单？"

你说："不会呀，我有你，有妹妹。"

可惜就算气氛暧昧到下一秒就可以牵起我的手，你也就只是绕过去话题，轻拍我的背说："你那么出色、那么棒，会有人带给你幸福，哥哥我会悄悄离开。"

后来，你就真的离开了，没有给我什么交代……

回忆也只能帮我到这里了，没法杜撰的爱情就像没法重来的过去。两年过去了，你早已经消失在人海茫茫。两年过去了，习惯了你的品位的我很难去爱上除了书包以外的包包。

你不是我的男朋友，你没有义务和我一直不失联，你只是我学长，你毕业两年，而我毕业一年。

青岛潮起潮落了七百三十次，我和闺密关于女孩子的外表该不该精致的争论越演越烈。

当第十一次从相亲饭桌上落败而归的时候，我泪眼婆娑地站在商场卫生间的镜子面前，看着皮肤暗黄、头发无光、空有一腔理想的自己，想：也许学长你是错的。我垂头丧气地去找闺密，请求她帮我一把。闺密开心极了，从"女为悦己者容"讲到"女人不打扮，就是暴殄天物"，再讲到"年华易老，总得有点防备"。

这些大道理早已经烂熟于心，在时间的催化下，你的言论和逻辑在我的心里越来越不稳当了。

半天之后，我对着镜子转了转，除了惊诧就是开心，其实我并不是一个多么难看的女子，只是从来没有细心整理过自己的外表。或许，我也并不是不喜欢好看的包包。

我家隔壁那个容光天天都在焕发的阿姨曾说过："女大十八变，最先变的就是外表。我觉得不对，最先变的肯定是心理，当我对外表变美的渴望越来越强烈的时候，我就真的变了。"

不过，第十二、十三、十四、十五次相亲依然失败，我再也遇不到像你一样的男子，懂我、懂文学、懂爱情的气息。

我的爱情是用嗅的，我再也没有闻到过像你一般让人沉醉如桂花香的味道。可是没关系，我一边找，一边等……

也有点欣慰的是，后来每一次我所结识的男孩子似乎都表现出了对文学的极大热情，身边开始慢慢集结了可供选择的男朋友A、B、C、D……有的人停留的时间短些，很快就忘了；有的人停留的时间长些，也会花点心思看看我写的文章。

最让人可悲可恨却又略带可喜的事情是，兜兜转转，我竟然又和第一位相亲的男子见了面，那时两人谁都叫不上谁的姓名，也记不得对方的职业了。只是在落座后，尴尬地发现，哎呀，熟人呀。

他说："额，好巧啊，我记得你，文艺女青年，不过上一次忘了问你的名字。"

我说："呵呵，我也记得你，你看这顿饭我们还有必要再吃么，你推崇一见钟情的，上次我们没有！"

他搓搓手，摇摇头，笑着说："上次没有，这次有。我叫方中，就权作我们第一次相识吧。"

只不过后来，我们也并没有进行得特别顺利，我们还像最初见面时一样，就一件事情会有着截然相反的看法，最终的结局也是分道扬镳。

我更加沮丧，爱情并没有因为我外表的改变而突然降临，它只在最开始的时候出来撩拨我一下然后更快地消失了。

但是闺密说，不一样的。一个不精致的你坐在那里，没人想透过你看你的内心。而一个精致的你坐在那里，人人都想窥探一下，这个女子心里在想些什么。也许看过之后，你们依旧没对上节奏、没合上拍，就像方中还是没爱上你，但是你至少给了一个别人多接触你的机会。

我似信不信："就因为一个皮囊？"

闺密严肃地点头说："嗯，就因为一个皮囊。"

我想起知乎上一个有名的回答："脸蛋和身材决定了我是否想去了解她的思想，而思想决定了我是否一票否决她的脸蛋和身材。"

似乎，这个世界的男女识别系统真的是这样的。你看，毕业三年，你绕那么多弯路，才学会一件事：**就算你真的不喜欢包包，但是这个世界的打分系统喜欢啊。**

所以，出门时，你好歹拎一个恰当的包。

最后，我好像喜欢上买包了，各种各样，五彩缤纷，一如我的心情。

某天，在街角的咖啡店，猝不及防地看见了我朝思暮想的学长，他还像在校园时一样干净整洁，带着阳光的味道。我忽然觉得我好傻，他连自己都收拾得如此妥当，怎么会喜欢一个不知道收拾自己的女孩子？

学长说："你变了。"

我咧嘴微微一笑："是呀，善变不是女人的特权么？"

后来，学长是这样说的："从前的你短发牛仔、不施粉黛，外表像个男孩子。现在的你卷发时装、略带淡妆，女人味十足，然而你还是你，外表千变万化，内心的性情却始终如一地发光发热，让喜欢你的人看到你。"

我问学长："你是不是仍然觉得，女孩子喜不喜欢包包并不重要，重要的是有一颗与众不同的心，这样就总会有人穿过千山万水找到你，对么？"

学长说："对的。"

我没有说话，微微一笑，眼泪已经在眼眶里打转，我转过身一把抓起逛过好多个商店才买到的小号酒红色斜挎包，夺路跑进卫生间。在泪水流出来之前，我深呼几口气，平复了心情。

那一刻，我仿佛理解了，为什么好多原创圈（写原创文章）的姑娘领了稿费要去买各种各样的口红，因为我少女时代所深深喜欢过的学长，他在我变得喜欢包包、热衷打扮之后，回来了。

他回来了。

然而他也是一尘埃里的俗男，也是在我不施粉黛、天然黝黑的时候请我做他的干妹妹，在我摇身一变、唇红齿白的时候，问我要不要做他的女朋友。

他不知道我在无数个不得爱的深夜里都曾泪水涟涟地渴望过他的追求、他的回归，哪怕他会说："不会啊，你是我妹妹。"

他也不知道，在我摒弃掉之前固执地保守着的"只要心灵美不在乎外表"的逻辑之后，在长达一年的时间里，我花费了多少精力，试错了多少件衣服，买失败过多少个包包，才能穿一身恰到好处的蓝白灰衣装出现在这个街角的咖啡厅，偶遇到他，看到他那满脸的惊诧，和那句"你变了"……

我变了，在暗无天日的等待中，我把灰心、失望、难过铸成一把锋利的剑，割破了固守的信仰，流了一地的鲜血，才穿上这一身铠甲。**而美丽、妖娆、昂贵的包，就是我此刻的铠甲。**

我爱我的包包，爱从前的自己，爱现在的自己，更爱以后的自己，但不会再爱学长了。我等过了星辰的陨落，等过了潮水的涨落，等过了千山万水间的万念俱灰，便也等到了爱已然消退离散的事实。

我错过了 A、B、C、D 男，击退了各有特长各有献媚高招的他们，终于等来和学长的一场重逢，却发现过去的时光，已经不知不觉将我改变了，将爱和暗恋也冲散了，我再也找不到当年的心境。毕竟，牛仔、T 恤和短裙都换成了口红、眼影、睫毛膏，毕竟，女大十八变了。

所以，不爱包包的姑娘会被这个世界所接受么？

当然会。就像几年前的我，不也一样吃饱、穿暖、睡足，在正常的城市里平淡无奇地活着，没什么非议。顶多，我会少一些好心情和爱情的好可能。

现在的我，依然没有遇见可以触碰我内心的好男人、好爱情，但是每一天，都喜欢收拾整齐、妥当、靓丽的出门。

但我仍然想用学长曾经夸赞过我的，现在看来"然并卵"的文艺气息，对着万千女子，振臂一呼：

包包，还是要爱的。

外表，还是要精致的。

毕竟，你先取悦了自己，你喜欢的人才会去想办法取悦你。

我表妹长大了，像之前的我一样，爱双肩包里背伞、背面包、背一切自给自足的日用品。

她说："姐姐，爸妈已经允许我恋爱了，我的观念是，面包我自己带，你给我爱情就好。"

可是傻姑娘，你长大了别再背双肩包了，得有一款精致的女人包。哪怕你什么也不装，伞、面包和其他日用品会有人替你带。但一定要带上你那颗背双肩包的心，像原来的你一样，依旧努力、依旧坚强、依旧独立。

想起一句特别喜欢的话：姑娘，愿你有高跟鞋也有跑鞋，喝茶也喝酒。

包包也好，鞋也罢，相信我，**唯有一个光鲜亮丽的外在才能和你无与伦比的才华相匹配，而你值得光彩夺目、万众瞩目。**

02 你终于变成了当初讨厌的那个人

曾经一度，情商在"不识愁滋味"的少年那里，是贬义词。你我都暗自发过誓：我要做那个"出淤泥而不染"的人，我不允许一切被讨好、卑微、谦虚、逢迎相类似的词汇熏染到。

你陪着父母去参加饭局的时候，这一情绪沸腾到顶峰。你坐在角落里一言不发，看大人们觥筹交错、你推我让。你觉得场景夸张到像一部无厘头喜剧片，所有人虚伪无知的嘴脸在瞬间被你看透，你看不起他们。

扶着醉得不能走直线的父亲回家，你满脸的不屑和反感："爸爸，你总是这样讨好别人，不累么？"

爸爸笑呵呵地喷出一嘴酒气，说："累啊，可是，不讨好不行啊，也习惯了。"

后来，你顺利地去了市重点高中读书，尽管按成绩你本应该去的是二流高中，你心里却很不舒服。你不想去啊，但那是父母赔笑、赔钱换来的机会。你和他们说，以后你的事，全靠本事，不靠外路，仅此一次，下不为例。

父母笑呵呵应着，好的好的。

可是十年弹指一挥间。你还没能站上人生巅峰，还未出任CEO、迎娶白富美，还没有做过一件让自己骄傲的事情呢。比猝不及防更可怕的是你的变化，潜移默化、悄无声息、无处可逃。

当你讨好过同事、取悦过领导、逢迎了客户之后，你在深夜把头深埋进孤独，你听见内心强烈而刺耳的声音：圆滑世故早已经在你不经意间，以你不可排斥的方式，钻进你人生的缝隙，落满你性格的角角落落。

你终于变成了当初自己最讨厌的人，你不知道该说恭喜还是该求改正。

你真的不知道，到底是小时候的天真无邪更可爱一些还是如今的高情商更有价值一些。

你去参加了无数个饭局。一次是刚毕业时参加校友聚会，想探听经验、积累人脉；一次是领导带着你去见客户谈合作；一次是父母亲友大聚会，你要替父亲挡酒；一次是遇见了赏识你的领导，你要借以表达知遇之情；还有一次是……

一次一次的叠加，你苦笑两声，傻瓜才去数次数。你发现各种各样的场合和聚会，你都有一百个非去不可的理由。你开始为给父母更好的生活，为给孩子创造更好的环境，也为钱来得更快一些，而在外拼命周旋。

你就这样，不知不觉开始不遗余力地赞美、讨好、谄媚别人。但你却意外地发现，这些真的能够帮到你，你的事情总是在嘻嘻哈哈的厚脸皮中以光速解决着。于是，你总结了一条又一条的交际经验，你背着这些宝典斩获了累累硕果、阵阵掌声。

你在深夜记起以前，父亲为给你求学、求工作，为你的家庭更加圆满，与外界做出的一切妥协与忍让，都是不无道理的。

我们走在时光中，拾捡了一路的情商和经验，披甲上阵，轻松前行。

情商是什么？是以最快的速度、最低的成本达到你的目的的工具。

有人说，我很牛，我不需要，去他的情商，我不需要为任何我看不惯的人和事委屈自己，我就骄傲清高地活着，你能拿我怎么着？

可是你忘了，在你牛之前，那么漫长的一段路，你也是钻营闯过来的，你不是吃第一个饼就饱了的，谁不想站着把钱赚了？谁不想清高地把梦想实现了？

原创圈一个爆红的作者在爆红之前和我说，她也想她写的文章瞬间就传遍大江南北。但在这之前，她甘愿俯下身子，去"抱大腿"，只求被大号转载一次，去花钱买别人的时间，只求学习更多的经验和诀窍。

你不主动去靠近高手，高手是不可能求着你、主动告诉你他成功的经验的。而你不和高手讲尽好话让高手心花怒放，只凑上去一副高冷的面孔，高手怎么会让你接近呢？

这个朋友拼尽全力，在短短三个月揽粉二十五万，而与她一同起步的人有的还挣扎在四位数的粉丝数上。

天赋和实力的确有高低，但更多的是有人愿意为着自己的目标想方设法。而不屑于走出去交际的写手，就像闭门造车，只能孤芳自赏，他们要站到高处，往往要花费比别人多百倍的时间和力气。

你的人生有多长，长到有足够时间等着你一步一步挪到梦想身边？你那么清高，结局往往就是眼睁睁地看着自己被一步步落下。

于是，你变了。你由一杯倒变成了千杯不醉；你由一个讨厌世故、憎恨圆滑的"愤青"变成一个见人说人话、见鬼说鬼话的八面玲珑的高手；你由一个事事处处依靠父母、长辈、老师的学生变成一个很多人看来都觉得能量很足、朋友很多、可以呼风唤雨的能人；你由一个爱别人就愿意为他去赴汤蹈火的痴情少年变成一个会考虑对方感受、父母感受、子女感受，善于控制感情的中年人。

你终于变成了人人都觉得好舒服的人。**你终于为了扛起成长的责任，为更好地照顾爱你的人，向这个社会的规则妥协了。**

　　在你完成一次大任务回家时，年迈的父亲叮嘱你："注意身体，应酬不要太多，别把自己搞太累。"

　　你说："好的，好的。"

　　这一幕似曾相识啊，你终于变成了当初自己最讨厌的父亲的样子。但是成熟的你终于发现：这种变化是可喜的，这副样子并不丢脸，相反，它陪你打拼到了你如今拥有的一切。

　　这副样子教会你，生而为人，要接地气，要入凡俗。它提醒你，你还没有去到高处，先别谈什么高处不胜寒。

　　那些你不屑的圆滑世故，恰是你如今安身立命的捷径。

03 选丑，还是选穷

我昨天晚上看一档情感类节目，女方不堪丈夫和婆婆的轻视和排挤，提出离婚。专家团却向她抛出了一个问题：你现在一无所有，这婚你离得起吗？

那一幕让同样身为女性的我心疼极了，在中国的各个角落里还有很多这样的家庭主妇，正在忍辱负重。

她们为家庭很多的付出都化成了一句：你没有为这个家赚到一分钱，吃我的、喝我的，你还要有那么多的条件？

当一位女性绝望至极，连婚都离不起的时候，该是何其的悲哀。再看那位女人的神情状态，眼里写着恨，脸上刻着岁月，令人心酸。让女人地位不保的除了因为没钱，还可能因为没色，这位女人占全了。

在她过往的四十几年岁月里，她关注过很多东西，老公的心情、孩子的成长、婆婆的脸色，却遗落了最重要的睫毛膏和经济学，它们有多重要呢？

布丁从小到大都在扮演"别人家的孩子"，直到十八岁那年，身边没有完成女大十八变的女孩只剩我和她。

我依稀记得我俩捧着一摞子语文、数学、物理、化学复习书在校门口被男生撞落一地，他们哄笑着走开，没有人乐意帮丑小鸭去拾满地狼狈。布丁咬牙切齿地看着他们的背影痛骂一阵子，最后说算了算了，有眼不识泰山。

昨天，是布丁的二十八岁生日，她穿越大半个中国，灰扑扑地出现在我面前，脸上的晒斑一块一块的吓我一跳，还没等问出什么，她的眼泪已经在眼眶里打圈，慌忙找个地方坐下。

布丁泪如雨下地倾诉，七年的感情在计划结婚前的一个月崩盘了，原因狗血到我都要开骂了：他嫌弃她没有女人味。

我当场就拍案而起："这不是借口吗，你脸上那七八层粉底，眼睛上、眉毛上那无数条黑杠杠，白抹白描了吗？如果说一个走出去完全看不出原样的妖娆女子没有女人味，天理何在？"

我说："布丁，我确定，你那么热爱化妆，你浑身上下都是胭脂气！"

布丁"哇"的一声哭了，说："会化妆不是女人味，我败在一本经济学，一种书。"

经济学？

我愣住了，你们男人是从什么时候开始用经济学、用烟火气去挑剔女人了？莫非，你们怕自己的女人既上得了自家厅堂也进得去人民大会堂？

布丁说："他说，整个经济学已经在我脑子里，他同我聊天，聊起经济学，我便一发不可收拾，滔滔不绝地陷入学术中，忘记去谈情说爱。"

我说："然后呢？"

她说："然后就真的忘了，他说我没有情趣，不想和一个没热情的理科姑娘携手一生。"

我看着哭哭啼啼的布丁，突然就好怀念高中那只振振有词的丑小鸭，好一个"有眼不识泰山"。

我和布丁的惺惺相惜大概就缘于同属发育过晚的丑小鸭，内部动力不足，即使后来发育了也是一副没长全的模样，除了那颗硕大的脑袋，外表的美貌我们一无所有。我们除了努力学习，没有一条捷径。

我永远都记得，我鼓起勇气同暗恋的男生告白后，惨遭拒绝，走在路上，一堆人朝我指指点点。我同布丁讲：丑小鸭没有春天。

那时候，布丁已经和她的男友在热恋，她花重金送给我一支睫毛膏，说："除了五官在感知这个世界，双手一定是用来美化自己的。试试看，左手睫毛膏，右手经济学。先天不足的，用大脑和双手来补。"

她带领着我一边在世界五百强里闯荡，一边翻烂了时尚芭莎的所有杂志。

忽然有一天，我走在街上，被街拍了；忽然又有一天，身边的男同事刻意找我套近乎了。更突兀的是，我表白过的男人转过身追求我了，**我问他为什么，他指指我手上的睫毛膏，说：你很精致。**

我雀跃地找到布丁，告诉她左右手的真理真灵。可是，眼前的布丁绝望而无奈，楚楚可怜地抬起头，说："我得腾出一只手来，去牵男人。"

是丢睫毛膏，还是丢经济学？

对于从小热爱学习、喜欢用成绩改变命运而没有天然美的姑娘来说，这个选择很难。

也许你如花似玉，即使大脑一片空白，也有大把的男人争先恐后地去牵你的手，去"脑补"你的善良、智慧和女人味。你都不用选，你不用为了得到爱情去舍弃什么。

可是，在这个很拼很拼的时代，那些"裸"着脸就不想照镜子的女子，她们也想要美好的爱情和踏实稳定的未来，她们的左手和右手都不能空着，那是用智慧添加给自己的资本。

布丁把这两样紧紧地攥了那么久，仿佛没什么用，她有点想放弃了。

睫毛膏和经济学如果选一样，你会放弃哪样？

我想了很久，觉得哪样也不能丢。年轻时候你为了取悦男人丢掉经济学，丢掉你可能会很快实现经济独立的资本，那也许到了中年，你就会和开头那个女人一样无助。

睫毛膏和经济学，一样是为了取悦自己，一样是为了取悦未来，你哪样也不能丢。该拂去眼前那层迷雾的，是那个有眼不识泰山的男人。

眼前这个迷茫无措的女人布丁，有大智慧，她可以像以前宽慰我那样从跌倒的爱情中重新爬起来，她只是那样问问我，她其实比我更知道怎么去爱自己、去爱这个世界最美好的生活。

我陪了她两天两夜，"裸"着脸看了无数的韩剧，感慨剧情里的天荒地老。到了第三天，我醒来，发现她已经化好精致的妆容，告诉我今天有个谈判她得亲自去。

我从桌上揪起一把纸巾扔给她，她笑着说："哎呀，腾不出手来接纸巾呀，只好坚强起来，绝不再哭。"

我相信布丁会迅速调整情绪重出江湖，可节目里的那个女人呢？人到中年除了一身怨气一无所有，能怎么办呢？其实我也是无解的。我能想到的就是引以为戒，修炼一身霸气，罩得住四十岁、五十岁、六十岁的自己。

希望你也一样，努力爱自己是你任何时候都不能停下来的课题。

姑娘们，一支睫毛膏让自己摇曳生姿、千姿百媚，一本经济学让自己脚踏实地，不怕没饭吃。两手都要抓，两手都要硬，既能貌美如花又能赚钱养家，即使你腾不出手来牵男人，也自有男人去腾出他的手拥抱你。

04 为什么爱吹牛的人容易真牛

王大成了我们班的大牛了，以前他是真吹牛，现在他是真牛啊。

毕业那年的散伙饭，王大是半只脚踩到椅子上说的，马云是他表叔，陈欧是他发小，公司随便他挑，毕业半年后买车为证。

他吹下的那个笑话还在耳边回荡呢，半年后他购入一辆高级自行车，放言跟着名人骑行的故事又为自己添了一个新的笑柄。

大家明白，马云、陈欧等各路名人并不是他家的真亲戚，他只不过锲而不舍地用微博私信轰炸人家，然后连人带信滚入了人海茫茫，名人并未看他一眼。

王大除了牛皮爱吹破这一明显的缺陷外，还明显缺心眼。据说，毕业后他骑驴找马，入职了一家外企，总是想法设法地混入公司各种圈，马屁拍了一圈。

他喜欢混在各种兴趣的业余团伙里，比如相亲大会、互联网会、出版界交流会，甚至政府界的培训会，他在自己的城市里不断迎来送往这样那样的朋友，陪吃陪玩，还买单。

同学聚会上还会有人冷嘲热讽地说：好像所有人都是王大的亲戚，随便提起一个人，王大总是能接一句："那是我哥、我姐、我妹、我朋友……"

事实是，大家纷纷自觉地在他身边站队，争相做他的朋友，加上他胖乎乎的身材，真是踏实又可靠的首选。毕竟，像他这样的热心肠的好人太少了，所以太受欢迎了。

事情的转折点出现在毕业五年后，王大成立了自己的自媒体联盟，什么也不干产出，就交叉推广各种自媒体，声势浩荡地冲出以个人为组织的自媒体圈，成为人人高看一眼的新媒体先锋。

那时候王大的吹牛都变成侃侃而谈了，并且最让人痛苦的是，当年听起来那么像笑话，如今听起来却那么像真理，王大说："**我吹出去的牛皮，都是放出去的壮志。**"

他也知道自己爱吹牛，他就是一个好面子的普通人，既然夸下了海口，那就逼自己一把试试看。

他毕业的第二份工作正是因为自己的厚脸皮得到的，他跑去了聚美优品总部，采取了你我所能想到的以及想不到的方法去接触在聚美里上班的人。

功夫不负有心人，王大谋得一差事，并很快笼络了很多人。没办法，他看起来没皮没脸却又雄心壮志的样子，除了牛皮吹破天啥也不会，大家也尽情地传授经验给他。

有人当面揶揄他，陈欧哪里能是他朋友，而是他老大的老大的老大。他笑呵呵地应对，早晚要和陈欧成为铁哥们。众人无奈，却也各种支招。他把有用的没用的都偷偷记下来，五年下来，铸就了一把亮剑。

再比如王大常说：**"我对别人好，不是为了拍马屁，而是为了偷师学艺。"**

偷师学艺总有一天能用上的。

有一次，一位做自媒体的兄弟吐槽说："独自为伍，太辛苦，自媒体人就这点不好。"说者无意，听着有心，王大积攒了五年的经验和人脉，这时候派上用场了，他拜访了很多人，调研了大量的可能，尝试了许多种方法，最后推出了自媒体联盟。

虽然马云、陈欧等一线大咖依然不是他哥，但是很多我们熟识的明星已经和他成为朋友，甚至帮他推广了自媒体联盟。

他那些人脉关系，混好的、没混好的，因为之前都多多少少受过他的礼遇，心中充满感激，纷纷都各显神通，这样，王大的名声就扬出去了。他的身边早已经人满为患，同学们更是争先恐后地表态说王大啊，那是我舍友，那是我上铺，那是我错过的男朋友，那是我哥们……

他在同学群里表示：你们都觉得我爱吹牛、势利眼、爱买单、缺心眼，但是这四个，其实也是一件事，就是对别人好呗。

王大虽然成了王总，但还是热衷买单，喜欢人多热闹，喜欢为别人办举手之劳的事情。他说，与人交往，你还矫情羞涩什么，厚着脸皮、削尖了脑袋对别人好啊，在自己能力范围内，做一个好人啊，老天不会亏待你。

王大的好友圈里，有无数的互联网大咖、IT界CTO、营销大王，有无数能够为他出谋划策的牛人，那成功不是必然吗？他的捷径，就是先把他们吹成自己的朋友，然后把他们真的变成朋友。然后，王大就成功了。

他乐颠颠地享受着未来可能的一切，他虽然到达不了马云、陈欧的高度，可是已然甩掉他的同班同学好几千里地。陈欧依然不是他的铁哥们，但王大已经是很多人嘴里常吹的"铁哥们"了。

他的名言变成了："**所谓成功，就是从你出去找兄弟姐妹开始，到兄弟姐妹都来找你结束。**"

希望聪慧如你，看到了王大身上和吹牛皮相得益彰的另一个特点：付出。

他是靠什么混到如此的好人缘的？靠爱和付出，靠自己的热心肠和永不厌烦的一脸热情，融化了贵人和大咖，得到了众多的朋友。

为什么你不屑于吹牛皮？因为你知道吹出去的那些事你做不到；为什么你不敢夸海口？因为通往成功的路上，需要付出太多成本，包括大量的沉没成本，而你不舍得。

曾经朋友圈的一篇文章《致贱人，我为什么要帮你》猛烈抨击了"伸手党"，很多人认为不该向朋友伸手请求帮助，至少不应该要求帮助时，还要说一句"举手之劳嘛"。是的，我也不认同那种吃了你送的苹果，反而自我安慰一句"你不送给我吃也会烂掉"的强盗逻辑。

但是，请相信，这种人只是脸皮厚，或者不会说话、情商不高而已，但如果他在你的朋友行列，我还是希望你们能够彼此帮助，哪怕帮完再说一句："我才不是举手之劳，因为是你，我才愿意帮。"让他懂得你的付出就好。

我觉得啊，今年你帮助了别人，明天别人又帮助了其他人，到后来总会有人帮助到你，因为地球是圆的，情缘是守恒的。付出才不是什么沉没成本，它会转着圈回来找你的。古语不也说了"但行好事，莫问前程"。

我的师妹杨小米，我非常喜欢她，因为她就是喜欢付出、乐于助人的典型代表，也是一个原创公众号的运营者，她的一篇关于付出的文章《妓女为什么不愿意和嫖客做朋友》曾经火爆朋友圈。以前只是听说她的大名，后来因为一些公众号的事情请教她。

我好怕她冷冷地对待我，把我划归那些"伸手党"之流，然后冷处理。没想到的是，小米没有丝毫架子，反而特别随和温暖，事无巨细地把她总结过的经验、遇到过的问题、建议的处理方法一一说给了我。

我每次道谢，她总是乐呵呵地说："帮助别人也是一件非常愉快的事情呢。"

有人说，站在巨人的肩膀上，会看得更远。而我，有个出色的师妹，也受益匪浅。和她接触以来，学到的最多的事情就是付出和从容，比如她受邀去讲课，会不遗余力地推广东家，比如别人转载她的文忘记署名，她也不会斤斤计较，叮嘱下一次不要忘记就好，反而会成为朋友，她还时常跟我提起帮助她的那些人。

这就应该是写作者的人格魅力吧。

虽然我承认她的文章有道理而又接地气，不仅仅是我，男女老少都爱看，所以才会短时间收获那么多粉丝，但我知道，其实她的为人才是根本。大家正是先喜欢了她的人，才无条件地喜欢她的文，因为文章就是一个人思想的彻底表达。

所以，为什么爱吹牛皮的人容易真牛？

因为他知道吹牛皮还得有一个标配：学会付出。吹牛皮的同时不要忘记朝着自己吹下的未来不断前进、努力、付出，最后你才是真牛。

05 我为什么不辞职

我其实是一个不太甘于落后的人，事情到我手上，但凡力所能及都力求做到最好，争个上游。

前几天有人找我说想合伙做我的公众号，他负责推广，我负责写文，对我的要求只有一个：辞职，专心做号。

我几乎没加思索就拒绝了，我做不到辞职。

别人嗤之以鼻，你一个月那点死工资，还不到一万块，够干什么的，你跟我一起来创业吧，用不了几年，我的豪车你也会有，你的房产也会多几处。

你问我心动吗，当然心动；你问我犹豫吗，一点也不。

我来告诉你，我的工资够干什么的。够我给儿子买奶粉、买玩具、去游乐园，够我和老公衣食无忧，够留给我足够多的时间陪儿子成长，够支付我和老公一年两次旅游，够我在力所能及的范围内孝敬双方父母。

我听到有人开始"切"了："瞧你那点出息。"

在我儿子三岁前，我就这点出息了。你不是我，不必心疼我那些浪费在老公儿子身上的大把时光，你觉得是浪费，我觉得这却是无法复制的时光。我不是你，也不必眼馋你所拥有的豪宅、名车、奢侈品，没有天上掉馅饼的好事。你能有今天，也断然付出了异于常人的血汗和辛苦，我敬佩你的努力。

我也会努力，但是我的努力是建立在保证陪伴这件事之外的。我看过太多鸡汤文，我自己也爱写鸡汤，励志又昂扬，年轻就该有个努力的样子，姑娘就该有个女王的样子。我不靠爹娘，不靠谁养，我就想让我自己的梦想不憋屈，能够勇敢地拿出来飞翔。

鸡汤写多了，我自己都信了，我坚信自己有三头六臂。而事实上，即使我真的靠毅力和坚持完成了上班、带孩子、写作三件事同时进行，却也无法忽视一天只有二十四小时的客观事实。

就像有些姑娘想破脑袋也想不出自己有什么爱好，想不出除了按部就班工作、听老板安排做事还能做什么别的事。有的人就是不适合创业、不适合当老板，就适合与世无争地过几十载安稳日子，最后也会感慨这一生幸福。

还有些人，昨晚梦想在内心敲锣打鼓，今晨就无奈端起锅碗瓢盆，光洗衣、做饭、打理孩子都需要48小时，这一天仅有的24小时，有些人真的什么也做不了。

这一切选择都是因人而异的。

做微信公众号是需要时间和精力的，我承认即使我辞了职也依然做不到最好，成不了第一梯队的大号，但是成长速度肯定会比现在要快得多，赚的钱也会大增的。我无比渴望自己的公众号发展得更强大一些，但是我深信在取舍面前，我做对了。当下，我还是需要这份稳定的工作，为我带来我安稳的生活提供物质保障。

女人们，应该会懂我的选择。因为很多嫁为人妇的女人几乎都被事业和家庭拉扯到内心崩溃过。向左走向右走，肉都疼。

选拼命工作吧，家里的大小事宜总会怠慢一些；选侧重家庭吧，就时刻面临着公司地位不保、被淘汰出局从而失去自我的危险。

有人特别愤愤不平，凭什么这些难题都是女人来做，凭什么女人被工作、家务、人缘、关系压弯了腰，而男人却捧着一纸工作证书安枕无忧。

我觉得大抵有两个原因。一是因为母体内部天然母性的泛滥，照顾家庭、打点老公儿子，我反正是自觉自愿且欲罢不能；二是因为其实你忽略了男人也在为家庭做着不同角度的牺牲，比如他不爱喝酒却为赚钱而硬着头皮应酬，比如他知道你累，会在各种节日主动做送礼物、安排烛光晚餐的那一个。

在中国的大环境下，女性为家庭做出的牺牲更多一些，也有一些反抗传统的女性成了成功典范千古流传。但更多女性选择了中庸，并且，大多都是主动选择的。

就像我，其实我不是内心求稳之人，心里那些活蹦乱跳的想法和创意总会在夜深人静、老公儿子酣睡的时候出来叫醒我：努力啊，加油啊。

可我为什么当下选择了"慢"生活，是因为老公儿子欢快的笑声俘虏了我，我的梦想在一家人的幸福面前缴械投降了。

有人说你的梦想怎么会和你家的幸福相冲突呢？梦想不会，但时间会。

我表姐是个家庭主妇，她去年和我说："妹妹，你写篇文章，反一下成功学。我真的受不了身边的微商反复来游说，我当个家庭主妇招谁惹谁了。"

那时候，我不理解她，我说："微商又不占完整时间，你利用零碎的时间做做微商、赚赚钱也挺好的，别总是伸手问姐夫要钱。"

表姐摇摇头："你是有双方父母帮你带孩子，我只有我自己，真的没有一丁点时间。就算一天能倒出一两个小时时间，把睡觉的时间牺牲掉做微商，那精力就下来了，等孩子醒了讲故事时就不会那么绘声绘色了，孩子听故事的体验不好。"

我仍旧觉得她在找借口："时间就像海绵，挤挤总会有的嘛。"

表姐说："大道理我都懂，伸手问老公要钱这事是挺憋屈，**可是如果因为赚钱而忽略了孩子，让孩子憋屈，我当然选择自己憋屈。**再说，我又不是一辈子做家庭主妇，等他读幼儿园了，我自然要出去上班啊。"

她的"憋屈选择论"，竟让我无言以对，我必须承认我和她是一类人。

鸡汤是有边界的，能不能喝得看实际情况，别人没有拼命努力，并不是别人天生消极，而是别人做了权衡，做了一个更利于生活的选择。

"别当妈妈控，要为自己活""给孩子当保姆不如给孩子当榜样""成为更好的自己才能抓住老公的目光"……这些话都没撼动过我，所以别劝我了。

"母爱不是一场得体的退出吗，孩子三岁前就撤是不够得体的""我会给孩子当榜样的，只不过这个榜样喜欢一边做着饭、哼着歌一边把梦想拿来追""成为更好的自己有很多种办法，我把自己收拾妥当靓丽了，一样让老公爱得神魂颠倒啊"……我都是这么安慰自己的。

女人一生面临的大选太多了，我们不是竞选总统，业务繁忙却堪比总统。

看过一篇文，大意是每过一段时间，我们都要列一下愿望清单，然后拼命努力，一个一个实现它，真的是一个超赞的体验。成就感一次一次袭来的感觉，我也有过，也期望会一直持续下去，那也就意味着我要一直付出异于常人多倍的努力，甚至熬夜缩短睡眠时间。思来想去，还是不能为了一篇爆文不睡觉，也不能因为有授不完的转载权而把儿子晾在一边。

所谓有得必有失，我在给儿子讲个故事的时间，可能错过了一个大号的呼叫，错过了几百粉丝。但是这几百粉丝也不是永远不会再来了，他们也许会在明天或者下个月再来找我。我会努力，但是会在照顾好儿子、甜言蜜语喂足老公、做好本职工作的前提下，全力以赴地奔赴我的梦想。

表姐是不赚钱了，我是不能辞职了，不能加班了，但我们仍然在努力，只不过要慢一点，说起慢这件事，我想起来曾经一句话："如果最终你能给我，那么晚一点没有关系。"

"慢一点"这种看似中庸实则温情的选择，不单只活在爱情里，还有每一个人的人生选择上。采摘星星的路固然遥远，起跑领先跑在前面的你，只管大踏步向前跑，无需回头为我加油，我有我自己的节奏，更何况沿途皆是风景，我手边有爱人、有父母、有孩子，一起说着笑着慢慢走，也挺好的。

但是，我一定会为你的成绩喝彩，我依然羡慕你在前方呼吸到那些我没有闻过的空气和花香。我也依然不会放弃梦想，也许你愿望清单上的跑车我一辈子也买不上，但是你二十岁买上的爱马仕我到三十岁还是可以买上的。

你有你的成功之学，我有我的中庸之道，我们互不相扰。

你知道吗？目前为止，我的最大梦想仍然是做一个好妈妈，给我儿子最无私的爱与关怀，而不是你愿望清单上的爱马仕。

06 你有没有藏在朋友圈的秘密

对桌同事闲来无事会翻自己的朋友圈，看到某些状态，会大呼小叫，会痴痴傻笑，会骗自己说原来自己也仙衣袅袅。

我凑过去和她一起看，她絮絮叨叨着说："可是，一年前的今天我发张办公桌杂物照是因为啥呀？只一张没有修过的图还加一个微信表情，我都听得到表情里装着一声叹息。"

大脑空白了几秒钟，看到藏在杂乱无章的背景里的那个古老静谧充满历史感的"木头笔筒"，她才恍然大悟。一下子就想起来了，今天是她的一位男闺密的生日，那"木头笔筒"是上学时他送给她的，被压箱底压了好多年。直到她和老公订婚后，男闺密才觉得尘埃已然落定，转身离开了。发那条状态，就是为了让"木头笔筒"上镜，为离开的人道上远方的祝福。

那个追了你好久的人忽然从身边消失了，即使你自始至终没有想过同他在一起，但心里还是会失落。

这种失落胁迫着我的对桌同事将"木头笔筒"从角落里救出来，摆到最显眼的位置上。同事摇摇头叹口气说："我纪念的不是男闺密，而是我没法重来的青春啊。"

是呀，那时候，不论你颜值几分，你身上的个性、色彩、青春的存在就会让你光芒万丈。

身边总会围绕着三五个男生，或称兄道弟经常帮助你，或以男闺密的形式爱着你。三五年恍惚间就过去了，你也不知道那些异性好友是从何时走散的，等你回过神来，你已经是某人小鸟依人的女友或者贤惠的太太了。

偶尔，你还是会想起，之前他们的种种好处，悄悄地把记忆和纪念品藏在朋友圈里。我知道，好多人的朋友圈看起来无趣、枯燥、单调，但其实每一条都是一个故事，只有故事里的主角才会懂的故事。

比如"木头笔筒"它原来的主人，在自己生日的时候看见熟悉的物品、想起曾经熟悉的人，会不会感慨，我的青春不是孤单的，我也曾真真切切地对一个女孩好过，虽然天各一方，但曾经相遇总胜过从未碰头吧。他会不会在自己同别人庆祝生日时，举杯向明月，遥想祝福：分开以后，愿你我都幸福。

这一份藏在朋友圈的秘密礼物，也算珍贵了。

你有没有看到过类似的朋友状态？你有没有藏在朋友圈里的秘密？

阳光明媚的春天，你走进公园，拍一片无垠的花海，再配一句"花都开好了"发在朋友圈，过往同学好友匆匆略过，有的还揶揄你：春暖花开又在思春了。

你苦笑，"花都开好了"那后半句"就差你了"你是不敢发出来的，你喜欢的姑娘毕业后没能和你一个城市，你打算放手了，不好再去"撩"了。可你的思念无处安放，那就藏在朋友圈吧，自己懂就好。

骄阳似火的夏季，顶着炎炎烈日，你的身影闪进一个又一个写字楼，开启你的销售生涯，清晨你拍一张明晃晃的太阳，加上一句"好懒啊"发在朋友圈。其实你怕女友心疼你，你根本不懒，拼命地工作，想在这个大家都犯懒的季节争个先进员工，得一笔奖金，给她买手链。

为博女友欢心，你浑身有使不完的劲无处安放，就藏在朋友圈的烈日里暴晒着吧，等手链买到了再翻出状态指给女友看：你看，这条状态的意思其实是……

她会懂。

还有秋风起的季节，你随手发一片落叶，当时就是在思念某个人；白雪皑皑的冬天，你发一张母校的雪景图，无非是在怀念和她打过雪仗的那个冬天。

有些人天生不爱发朋友圈，没有原因，就是不爱。但他们每发一条，都会藏一个故事。

我看到了，就觉得只是一张普通的风景或卡通或人物图像，看不出来有什么特别之处，那是因为我是你的陌生人，或者我只是你的普通朋友。我不是你人生电影里的主角，你也没打算让我这类人看懂。

那个特定的人看到了，会心一笑，鼻子一酸，你们的情绪会越过大山河川，甚至跨过大洋，汇聚在一起。无论笑还是哭，他秒懂了你埋下的故事，就是你发朋友圈的全部乐趣。

有时候会觉得挺遗憾的，从前那么珍视那么小心翼翼藏起来的秘密，竟然有一天会变得陌生，甚至遗忘。

我目睹同事同过往较量了半个小时，看着她在回忆里败下阵来，她给老公打了电话商量着吃啥，也已经顺手关上了朋友圈。

她那个"木头笔筒"的秘密明目张胆地躺在朋友圈里，老公也不会发现，随时时间流逝，这个秘密也在她自己的眼皮底下慢慢消失了。

谁有闲工夫每隔一年半载就翻自己的朋友圈，就算是有时间，也几乎翻不到一年前了。新的美颜自拍、花样美食和绝色风景一波压一波发出来，你生活得越丰富精彩，内心越满足，就越难想拂去灰尘，探究自己从前的生活状态。

曾经那些妩媚的时光、放肆的任性、骄傲的成绩，无一不在岁月的摩挲下淡去光彩，逐渐从你的记忆中隐去。有时候，你二十岁时候认为刻骨铭心的事情，你觉得将会影响你一生的心情，到了三十岁，也消散得一个细胞都不剩了。

最让人痛苦的事情是，你并没有感受到这件重要事情它消失的过程，你以为它本来就是不存在的。

那些从前很重要的、现在却记不起的情绪你都不要了么，真的不要了么，决定了么？

不，我要。

所以我才要写字，才要写1001个姑娘的毕业故事，留住我自己和你们所有姑娘的美好记忆。

每一个姑娘的人生，都是独一无二的，希望你也不要懒，养成一个写日记的习惯，去开微博、朋友圈、博客记录人生精彩瞬间，或者手写日记留住最美心情。也许你不爱写，但你不能不记录。记录就是你给大脑记忆安装的大容量存储卡，它替你保管秘密，替你保鲜记忆。等休个年假或请个病假，把自己卷进寂静里，回头与过去的自己重逢，重温美好的感觉。

假如人一生的记忆只有一万秒，我不要将一万秒之前的那个自己走丢，我要把它们镌刻在书里和心间。

你有没有想过把秘密打印出来，其实，你打印的不是秘密，而是情绪。打印出来，秘密可以保鲜，随时触摸。

07 你睡觉前关机吗

好友大暖说，有天晚上，家里来了坏人，自己手机坏了怎么也打不出去，最后躲到邻居家里，却发现邻居就是坏人同伙，死路一条了！

一身冷汗后惊醒，还好只是个梦。

那是凌晨一两点的样子，大暖再也睡不着了，心里慌慌张张的，还伴着阵阵胸闷，总感觉有事，好不容易挨到五点，天色微微亮，赶紧给妈妈打电话，才知道昨夜十一点左右，父亲阑尾炎突然发作，现在正在医院等候手术。

大暖十万火急地赶回家，见到亲人第一句话就问："为什么不打电话给我？"她母亲说："没什么大事，你来了也没什么用，有医生、有护士、有我陪着你爸就好了。"

大暖有点急，很生气地说："以后千万不能这样了，有事一定要第一时间给我说，我晚上从来不关机的，多晚都打给我，我回来开车接送也好。"她母亲说："好的，好的，没多大事，不要紧。"